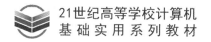21世纪高等学校计算机
基础实用系列教材

办公软件与多媒体
高级应用实践案例

◎ 叶苗群 鲍 涵 编著

U0284194

清華大学出版社

北京

内 容 简 介

本书对精选的实际应用案例进行技术剖析和操作详解,为想在短时间内学习并掌握各种软件高级使用方法的读者量身打造。本书实用性强,实践操作案例循序渐进、由易到难,具有层次性和针对性,各案例中的任务要求涵盖各章节的主要知识点,以帮助读者将所学知识应用到实际工作中去。

本书共分为两部分:第一部分为办公软件高级应用,包括 Word 高级应用、Excel 高级应用和 PowerPoint 高级应用。第二部分为多媒体软件高级应用,包括 Photoshop 图像编辑与处理、Animate 动画设计与制作、Audition 音频编辑与处理、Premiere 视频编辑与处理和 After Effects 影视特效。

本书是《办公软件与多媒体高级应用教学案例》(ISBN 978-7-302-64193-3)的配套教材,可作为高等学校"办公软件高级应用""多媒体应用""计算机高级应用"等课程的实践案例教材,也可以作为相关技术人员的自学参考书。

本书封面贴有清华大学出版社防伪标签,无标签者不得销售。

版权所有,侵权必究。举报:010-62782989,beiqinquan@tup.tsinghua.edu.cn。

图书在版编目(CIP)数据

办公软件与多媒体高级应用实践案例/叶苗群,鲍涵编著. —北京:清华大学出版社,2023.8(2024.1重印)
21 世纪高等学校计算机基础实用系列教材
ISBN 978-7-302-64192-6

Ⅰ. ①办… Ⅱ. ①叶… ②鲍… Ⅲ. ①办公自动化-应用软件-高等学校-教材 Ⅳ. ①TP317.1

中国国家版本馆 CIP 数据核字(2023)第 128906 号

责任编辑:闫红梅
封面设计:刘 键
责任校对:韩天竹
责任印制:宋 林

出版发行:清华大学出版社
　　　　网　　址:https://www.tup.com.cn, https://www.wqxuetang.com
　　　　地　　址:北京清华大学学研大厦 A 座　　邮　　编:100084
　　　　社 总 机:010-83470000　　邮　　购:010-62786544
　　　　投稿与读者服务:010-62776969, c-service@tup.tsinghua.edu.cn
　　　　质量反馈:010-62772015, zhiliang@tup.tsinghua.edu.cn
　　　　课件下载:https://www.tup.com.cn, 010-83470236
印 装 者:三河市君旺印务有限公司
经　　销:全国新华书店
开　　本:185mm×260mm　　印　　张:17.75　　　　字　　数:435 千字
版　　次:2023 年 8 月第 1 版　　　　　　印　　次:2024 年 1 月第 2 次印刷
印　　数:1501～3000
定　　价:59.00 元

产品编号:102284-01

前　言

Office 系列软件是目前流行的办公自动化软件,在各行各业中的应用非常广泛,提高 Office 系列软件的高级应用能力是各类办公人员的迫切需求。多媒体技术的发展日新月异,多媒体技术的应用已经渗入日常生活的各个领域,如图像处理、动画设计、音频编辑、视频编辑与合成等。

本书内容包括办公软件高级应用与多媒体软件高级应用,并结合日常办公软件的典型实用案例进行操作实践,举一反三,遵循"计算机以用为本"的理念,有助于读者迅速提升办公软件与多媒体软件高级应用水平,提高工作效率;也有助于读者发挥创意,灵活有效地处理工作中的问题。同时,本书也适用于"大学计算机基础"课程的拓展和延续,可以帮助学生进一步提高和扩展计算机理论知识与高级应用实践能力。

本书借鉴 CDIO——构思(Conceive)、设计(Design)、实现(Implement)和运作(Operate)的相关理念,采用"做中学""学中做"的教学方法而非教师"满堂灌"的强行灌输方式,以学生为主、教师为辅,让学生在体验中轻松掌握技术应用。注重理论与实践相结合,以练为主线,尽量通过一些具体的可操作的案例来说明或示范,也给出了具体的教学方法,使学生在"做中学",教师在"做中教"。

本书共分为两部分。第一部分为办公软件高级应用,包括第 1~3 章。第 1 章 Word 高级应用,以 5 个案例为基础,介绍 Word 2019 软件制作长文档和特殊文档的方法和技巧。第 2 章 Excel 高级应用,以 5 个案例为基础,介绍 Excel 2019 软件对数据进行管理和分析的方法和技巧。第 3 章 PowerPoint 高级应用,以 2 个案例为基础,介绍 PowerPoint 2019 软件制作演示文稿的方法和技巧。第二部分为多媒体软件高级应用,包括第 4~8 章。第 4 章 Photoshop 图像编辑与处理,以 10 个案例为基础,介绍 Photoshop 2020 软件图像编辑与处理的方法和技巧。第 5 章 Animate 动画设计与制作,以 10 个案例为基础,介绍 Animate 2020 软件动画设计与制作的方法和技巧。第 6 章 Audition 音频编辑与处理,以 1 个案例为基础,介绍 Audition 2020 软件音频编辑与处理的方法和技巧。第 7 章 Premiere 视频编辑与处理,以 4 个案例为基础,介绍 Premiere 2020 软件视频编辑的方法和技巧。第 8 章 After Effects 影视特效,以 6 个案例为基础,介绍 After Effects 2020 软件影视特效与合成的方法和技巧。

通过本书的学习,读者能运用 Office 办公软件和多媒体软件编辑各种文档,掌握文本编辑与美化的基本方法和高级应用技巧;能使用 Photoshop 软件进行平面设计,并根据任务需要进行处理与修改,掌握图像制作的基本方法与高级应用技巧;能运用 Animate 软件绘制矢量图形、制作二维动画,并能运用动画制作方法与技巧进行简单动画作品的创作;能使用 Audition 音频编辑软件,根据任务需要进行音频裁剪、合成等后期编辑;能运用

Premiere 软件编辑视频,制作特技效果和字幕,合成和发布主题视频作品等;能运用 After Effects 软件进行视频特效制作并有机融合其他作品。

这里要感谢有关专家、教师长期以来对本书的关心、支持与帮助。本书获得了宁波大学信息科学与工程学院计算机科学与技术专业资助。

由于编者水平有限,虽经反复修改,书中难免存在错误与不足之处,恳请专家和广大读者批评指正。本书的案例和素材资料可供教师与学生参考使用,登录清华大学出版社网址 www.tup.com.cn,找到本书页面即可下载。

编 者

2023 年 6 月

目 录

第一部分
办公软件高级应用

第1章

Word 高级应用

1.1 案例1 制作高校录取通知书

【要求】

已知在 D 盘 2022001\录取通知书文件夹中准备了"录取通知书.docx"文件和"学生名单.xlsx"文件,如图 1-1 所示,学生照片(1.jpg~7.jpg)和学校图片(学校图.jpg)文件在 picture 文件夹中,请根据素材制作高校录取通知书及中文信封。

图 1-1 录取通知书原材料

【知识点】

邮件合并、页面设置、书籍折页、图片域、数据合并域、页面边框、中文信封

【操作步骤】

1. 页面设置

(1) 启动 Word 2019 应用程序,打开"录取通知书.docx"文件,选中"开始"选项卡"段落"组的"显示/隐藏编辑标记" ；选择"视图"选项卡"显示比例"组的"多页"命令,按 Ctrl 键同时滚动鼠标,可缩小显示原文档内容,如图 1-2 所示。

(2) 选择"布局"选项卡,单击"页面设置"组右下角的对话框启动器 ，打开"页面设置"对话框,在"纸张"选项卡中设置纸张大小为 A4。

(3) 在"页面设置"对话框的"页边距"选项卡中,单击"多页"下拉列表,选择"书籍折页"选项,此时纸张方向自动设置为"横向",并且出现"每册中页数"下拉列表,将其设置为 4,如图 1-3 所示,单击"确定"按钮。

(4) 将光标定位在文本"照片"之前,选择"布局"选项卡,单击"页面设置"组的"分隔符" | "分节符" | "下一页",插入一个"下一页"分节符。

(5) 同样地,将光标定位在文本"入学须知"之前,插入一个"下一页"分节符。

(6) 将光标定位在文本"学校简介"之前,插入一个"下一页"分节符。

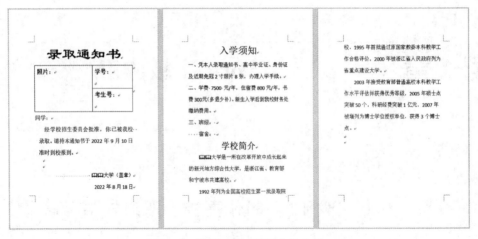

图 1-2 "录取通知书"原文件内容

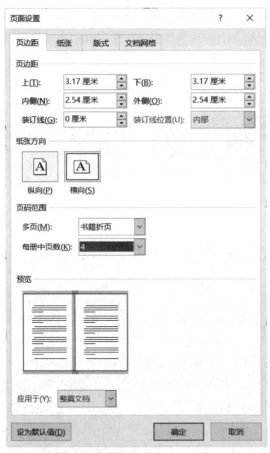

图 1-3 页面设置

（7）多页效果如图 1-4 所示，如果有多余空白页产生请删除。

（8）将光标定位在第 1 页中，选择"布局"选项卡，单击"页面设置"组的"文字方向"|"垂直"选项，此时纸张方向自动改成了"纵向"；选择"布局"选项卡，依次单击"页面设置"组的"纸张方向"|"横向"。

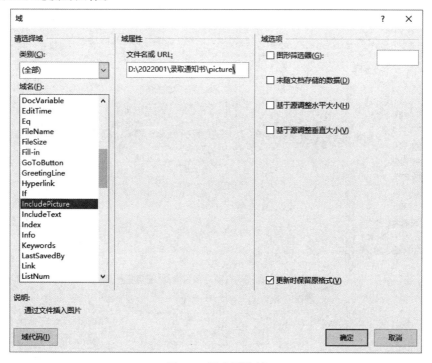

图 1-4　插入分节符后

（9）打开"页面设置"对话框，在"布局"（或者"版式"）选项卡中，选择页面"垂直对齐方式"为"居中"，此时文字水平垂直方向均居中。

（10）将光标定位在文本"录取通知书"之前，插入"学校图.jpg"图片文件。

2. 插入图片域

（1）选中第 2 页中的文字"照片："，选择"插入"选项卡，单击"文本"组的"文档部件"|"域"选项，打开"域"对话框。

（2）选择域名为 IncludePicture，域属性中，在"文件名或 URL："文本框中填写或者复制照片存放文件夹地址，再加上斜杠，如"D:\2022001\录取通知书\picture\"（这里假设照片就放在 D:\2022001\录取通知书\picture 文件夹下。如果保存照片的路径有变化，则需要进行相应修改），如图 1-5 所示，注意照片 URL 地址后面还要加上"\"。单击"确定"按钮，此时还无法显示链接的图像。

图 1-5　插入图片域

Word 高级应用

图 1-6　图片域代码显示

（3）按 Alt＋F9 组合键显示域代码，如图 1-6 所示，将光标定位在"picture\\"与""""之间。

3. 邮件合并

（1）查看"学生名单. xlsx"工作表，内容如图 1-7 所示，将第一位同学的学号和姓名改为你自己的真实信息，然后保存关闭。接下来进行数据源选取等操作时，该文件不能打开，所以如果打开了该文件，务必先保存并关闭它。

图 1-7　学生名单

（2）选择"邮件"选项卡，单击"开始邮件合并"组的"开始邮件合并"|"信函"，选择"选择收件人"|"使用现有列表"，弹出"选取数据源"对话框，如图 1-8 所示，选择"学生名单. xlsx"，单击"打开"按钮。

图 1-8　选取数据源

（3）弹出"选择表格"对话框，如图 1-9 所示，选择"录取名单＄"工作表，单击"确定"按钮。

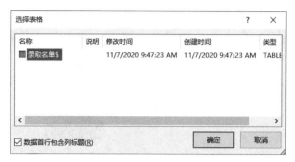

图 1-9　选择录取名单表

（4）将光标定位在"picture\\"与""之间，选择"邮件"选项卡，单击选择"编写和插入域"组的"插入合并域"项，弹出"学号""班级名""考生号""姓名""照片"等项，如图 1-10 所示，选择"照片"项。

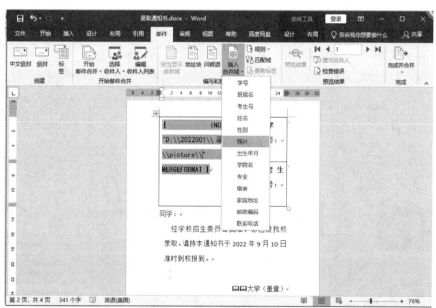

图 1-10　插入照片合并域

（5）此时域代码{MERGEFIELD 照片}就被插入到了光标所在的位置（在"\\"与""中间），如图 1-11 所示。按 Alt＋F9 组合键隐藏代码，此时图片还显示不出来，图片区域为"无法显示链接的图像……"。

（6）单击选中"无法显示链接的图像……"图片区域，按 F9 键更新图片区域内容，此时应显示出图片（如果图片显示不出来，要么是图片文件夹位置不对，要么是照片合并域插错了位置，需要返回重新操作），调整图片大小，设置学号和考生号字体大小为三号。

（7）光标定位到"学号："下面，选择"邮件"选项卡，单击选择"编写和插入域"组的"插入合并域"项，插入学号。用同样的方法，插入"考生号""姓名""学院名""专业""班级名""宿舍"等合并域。

Word 高级应用

（8）单击表格左上角田字格 ⊞ 选中整个表格，选择"表格工具"|"设计"|"边框"中的"无框线"将表格边框去除。此时第 2 页效果如图 1-12 所示，适当调整照片大小，保证此页内容在同一页显示。

图 1-11　域代码显示　　　　　　　　图 1-12　合并域插入后

（9）在第 3 页相应位置插入"班级名""宿舍"合并域。选择"设计"选项卡，单击"页面背景"组的"页面边框"，弹出"边框和底纹"对话框，在"页面边框"选项卡中，选择"艺术型"边框。边框设置后的效果如图 1-13 所示。

图 1-13　加入页面边框后

（10）选择"邮件"选项卡，单击"完成"组的"完成并合并"|"编辑单个文档"选项，弹出"合并到新文档"对话框，选择"全部"命令，单击"确定"按钮。

（11）生成"信函 1"新文档，内容为所有考生的录取通知书，此时考生照片均相同。

（12）"信函 1"中，按 Ctrl＋A 组合键选中所有文本，按 F9 键更新，考生照片显示应不相同。

（13）将"信函 1"另存为"录取通知书（完成）.docx"，完成效果如图 1-14 所示。保存"录取通知书"文件。

（14）在文档首页插入一个文本框，文本框中输入你的学号和姓名，以后每个完成的文档首页都请加上学号和姓名。

图 1-14　录取通知书完成后效果

4. 生成中文信封

（1）在 Word 应用程序中，选择"邮件"选项卡，单击"创建"组的"中文信封"选项，弹出"信封制作向导"对话框，单击"下一步"按钮，出现"选择信封样式"信息框，单击"下一步"按钮。

（2）出现"选择生成信封的方式和数量"信息框，选中"基于地址簿文件，生成批量信封"选项，再单击"下一步"按钮。

（3）出现"从文件中获取并匹配收信人信息"信息框，如图 1-15 所示，单击"选择地址簿"按钮，弹出"打开"对话框，如图 1-16 所示，将右下角 Text 类型改成 Excel，选择"学生名单.xlsx"，单击"打开"按钮，关闭"打开"对话框，返回信息框。

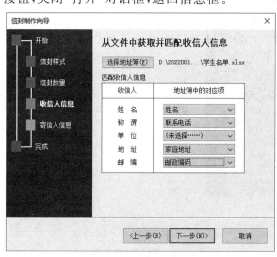

图 1-15　选择地址簿

Word 高级应用

（4）在"匹配收信人信息"中，"姓名"对应"姓名"、"称谓"对应"联系电话"，"地址"对应"家庭地址"，"邮编"对应"邮政编码"，再单击"下一步"按钮。

（5）出现"输入寄信人信息"信息框，输入自己的姓名、单位、地址及邮编等信息，如图 1-17 所示。

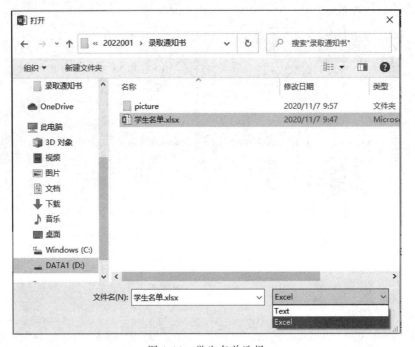

图 1-16　学生名单选择

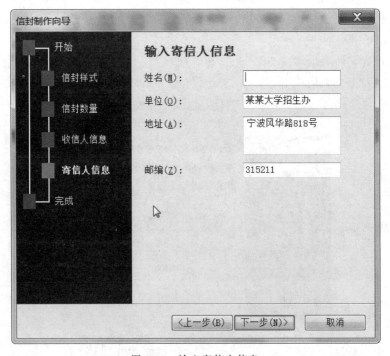

图 1-17　输入寄信人信息

（6）单击"下一步"按钮生成信封，如果有空白页将其删除，效果如图1-18所示，生成的信封文件保存为"中文信封"。

图1-18　中文信封效果图

1.2　案例2　多人协同编辑文档

【要求】

现已有"教材编写"文件夹下"第1章 入门.docx"～"第8章 数据文件.docx"文档，还有一个"VBNET 程序设计.docx"文档，如图1-19所示。

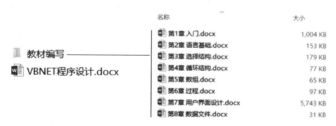

图1-19　多人协同编辑文档素材

请创建主控文档和空白内容子文档（文件名固定）；再根据"教材编写"文件夹提供的文档覆盖之前的同名空白子文档；展开子文档，审阅修订文档，最后汇总另存为完整的普通文档。

【知识点】

主控文档、展开子文档、折叠子文档、大纲视图、审阅修订、批注

【操作步骤】

1. 拆分子文档

（1）启动 Word 2019 应用程序，打开"VBNET 程序设计.docx"文档，可见如图1-20所示的教材分工目录，该文件所有文字为正文普通文字。

（2）选中"VBNET 程序设计"行，选择"开始"选项卡，单击"样式"组的"其他"下拉列表中的"标题"，把它设置为标题样式。拖动鼠标一起选中"第1章 入门""第2章 语言基础"等

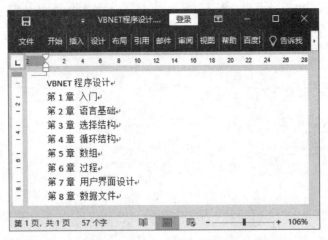

图 1-20 "VBNET 程序设计"文档内容

所有章,将其设置为"标题 1"样式。

(3)选择"视图"选项卡,单击"视图"组的"大纲",切换到大纲视图。

(4)选择"大纲显示"选项卡,单击"主控文档"组中的"显示文档"项,展开"主控文档"组。拖动鼠标一起选中各章,单击"主控文档"组的"创建"项,系统会将拆分开的子文档内容分别用框线围起来,如图 1-21 所示。

图 1-21 大纲视图开始时显示的内容

（5）选择"大纲显示"选项卡，单击"主控文档"组的"折叠子文档"项，弹出 Microsoft Word 对话框，如图 1-22 所示，单击"确定"按钮。

图 1-22　Microsoft Word 对话框

（6）此时大纲视图已经将子文档折叠起来，原来"折叠子文档"项自动变成了"展开子文档"项，如图 1-23 所示，因保存路径不同，可能显示也不同。

图 1-23　大纲视图主控文档

（7）关闭保存文档，打开文档保存路径，发现该文件夹下已新生成 8 个文件，如图 1-24 所示，观察文件大小均为 12KB，其实是空白文件。如果是合作编写教材，可以把拆分后的子文档按分工发给多人进行编辑，不能改文件名。

2. 汇总子文档

（1）等大家编辑好各自的文档发回后（这里编辑完成的文件由教师提供，保存在"教材编写"子文件夹中），再把这些文档复制粘贴到原文件夹下覆盖并替换同名文件。

（2）打开主文档"VBNET 程序设计.docx"，文档中显示子文档的地址链接。

（3）切换到大纲视图，选择"大纲显示"选项卡，单击"主控文档"组的"展开子文档"项，选择"视图"选项卡，选中"显示"组的"导航窗格"项，可显示各文档的标题，如图 1-25 所示。

3. 修订文档

（1）将主控文档"VBNET 程序设计.docx"切换到页面视图，选择"审阅"选项卡，单击

图 1-24　自动生成的子文档

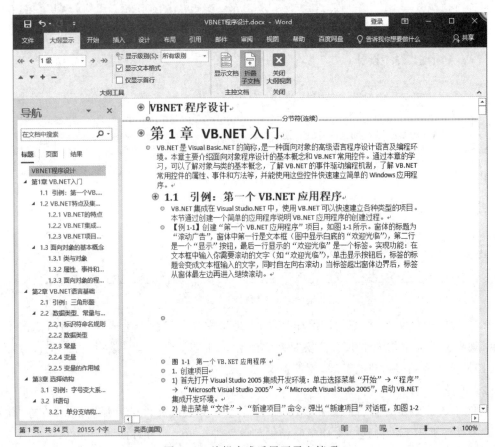

图 1-25　编辑完成后展开子文档项

"修订"组的"修订"项 ，使其处于选中状态。

（2）在文档正文第一段中做如下修改：删除两处"，了解"并添加"、"；在"事件和方法等"后添加"等"；将"1.1　引例：第一个 VB. NET 应用程序"一行居中；选中"【例 1-1】"插入批注"引例 1"（选择"审阅"选项卡，单击"批注"组的"新建批注"项），如图 1-26 所示。

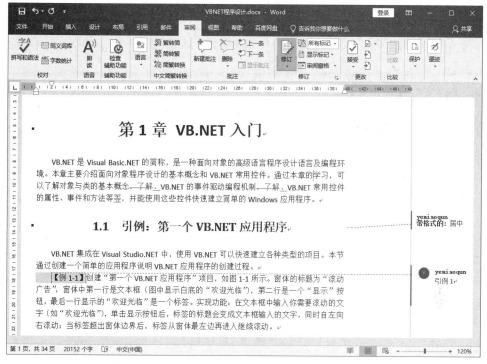

图 1-26　修订文档

（3）将其他 Word 文档关闭，然后关闭并保存主控文档。此时在主控文档中修改的内容、添加的批注都会同时保存到相应的子文档中。

（4）打开"第 1 章入门.docx"子文档，发现内容已被修改，可使用"接受"或"拒绝"选项决定是否修订内容。如果没有出现修订标记，请选择"审阅"选项卡，单击"修订"组的右上下拉列表（可能原来显示的是简单标记），选中"所有标记"项。

（5）选择"审阅"选项卡，单击"更改"组的"接受"项，再单击"接受所有修订"，接受内容的修改，如图 1-27 所示。

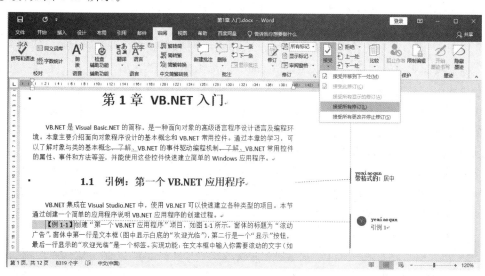

图 1-27　接受修订

（6）选择"审阅"选项卡，单击"批注"组的"删除"项|"删除文档中的所有批注"。删除全部批注后，恢复文档到正常状态。

（7）当然以上的接受和删除操作也可以在主控文档中完成。关闭保存"第1章入门.docx"子文档。

4. 主控文档合成为普通文档

（1）打开主控文档"VBNET 程序设计.docx"（此文档接下来不要进行保存操作，因为该文件要求保存为主控文档），切换到大纲视图，选择"大纲显示"选项卡，单击"主控文档"组的"展开子文档"项，以完整显示所有子文档内容。

（2）选择"审阅"选项卡，单击"修订"组的"修订"项，取消选中"修订"。

（3）删除"第1章 VB.NET 入门"前面所有内容，包括空行。

（4）按 Ctrl+A 组合键，全选所有文档内容。

（5）选择"大纲显示"选项卡，单击"主控文档"组的"显示文档"，展开"主控文档"区；再单击"取消链接"项。

注意：

如果该项为灰色不能用状态，一般是因为没有删除第1章前的空行。如果第1章前面的内容实在删除不了，则可以分别选中各个章，再单击"取消链接"项。

（6）选择"文件"|"另存为"，另存文档为"VBNET 程序设计（合）.docx"文档。此时"VBNET 程序设计（合）.docx"文档可能有 7218KB 左右大小，而"VBNET 程序设计.docx"文档只有 18KB 左右大小，两者大小差距明显。

（7）将"VBNET 程序设计（合）.docx"文档单独复制到其他位置打开，应该可以看到所有章节内容，表示合成正确。

1.3　案例3　索引与书签

【要求】

现有"城市排名"Word 原文档，由两页组成，使用阅读视图观察其内容，如图 1-28 所示。具体要求如下。

（1）第一页中第一行内容为"一线城市"，样式为"标题1"；"一线"和"准一线"样式为"标题2"；页面垂直对齐方式为"居中"；页面方向为纵向、纸张大小为 16 开；仅第一页添加页眉为"城市排名"。

（2）第二页中第一行内容为"二线城市"，样式为"标题2"；"二线强"、"二线中"和"二线弱"样式为"标题3"；页面垂直对齐方式为"顶端对齐"；页面方向为横向、纸张大小为 A4；对该页面添加行号，起始编号为1。

（3）第三页中第一行内容为"三线城市"，样式为"标题2"；"三线强"、"三线中"和"三线弱"样式为"标题3"；页面垂直对齐方式为"底端对齐"；页面方向为纵向、纸张大小为 A4。

（4）第四页中第一行内容为"索引"，样式为正文，页面垂直对齐方式为"顶端对齐"；页面方向为纵向、纸张大小为 A5。

（5）在文档页脚处插入页码，形式为"第 X 节　　第 Y 页共 Z 页"，X 是使用插入的域自动生成的当前节，并以中文数字（壹、贰、叁）的形式显示；Y 为当前页，Z 为总页数，以一

图 1-28 "城市排名"文档原内容

般数字的形式显示,居中显示。

(6) 使用自动索引方式,建立索引自动标记文件"自动索引. docx",其中:标记索引项的文字 1 为"上海",主索引项 1 为"上海",次索引项 1 为"shanghai";标记索引项的文字 2 为"浙江",主索引项 2 为"浙江",次索引项 2 为"zhejiang";标记索引项的文字 3 为"江苏",主索引项 3 为"江苏",次索引项 3 为"jiangsu"。使用自动标记文件,在文档"城市排名"第四页第二行中创建索引。

(7) 使用域在文档的最后几行分别插入该文档的文件名称、该文档创建日期(格式"yyyy 年 M 月 d 日星期 W")以及该文档的作者(如果一开始此文档作者不是你的姓名,请修改为你的姓名)。

(8) 第一页"一线城市"设置为书签(名为 Top),文档最后加上一行插入书签 Top 标记的文本。

【知识点】
文档重新分节分页、页面设置、样式设置、页脚、添加索引、添加域、制作书签
【操作步骤】

1. 插入分节符进行分页

建立新文档时,Word 将整篇文档默认为一节,在同一节中只能应用相同的版面设计。为了使版面设计多样化只有将文档分割成不同的节,才可以根据需要为每节设置不同的节格式。虽然本案例在具体要求中并没有要求分节,但题中不同页面要求设置不同的页面布局,实际操作时必须将所需的页面置于不同的节中才能实现。

(1) 打开"城市排名"文档,将光标定位于"二线城市"前,选择"布局"选项卡,单击"页面

设置"组的"分隔符"|"下一页"分节符,插入一个"下一页"分节符。

（2）将光标定位于"三线城市"前,插入一个"下一页"分节符。

（3）将光标定位于文档最后,插入一个"下一页"分节符,并输入"索引"文字。这样文档就被 3 个分节符分成了 4 节,共有 4 页。

选择"视图"选项卡,单击"视图"组的"草稿",可观察到 3 个分节符,选择"页面视图"返回页面视图。

之所以提早插入分节符,可避免将本页的页面设置带入到下一页。设定分节符后,当前节所有的页面设置内容将默认为应用于"本节"。

2. 第 1 页设置页面设置、插入页眉

（1）选中"一线城市",选择"开始"选项卡,单击"样式"组的"标题 1";类似地,"一线"和"准一线"样式为"标题 2"。

（2）选择"布局"选项卡,单击"页面设置"组的"纸张方向"|"纵向",设置同组的"纸张大小"|"16 开"。

（3）单击"页面设置"组右边的对话框启动器,打开"页面设置"对话框,选择"布局"（或者"版式"）选项卡,"垂直对齐方式"选择"居中",单击"确定"按钮。

（4）将光标定位在"二线城市"一节,选择"插入"选项卡,单击"页眉和页脚"组的"页眉"|"编辑页眉",进入页眉编辑状态。选择"页眉和页脚工具设计"选项卡,单击"导航"组的"链接到前一条页眉",使其处于未选中状态,此时页眉右上角的"与上一节相同"文字消失。单击"导航"组的"上一条",在页眉处输入"城市排名"。

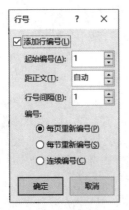

图 1-29　添加行号

3. 第 2～4 页页面设置等

（1）第 2 页中,选中"二线城市",选择菜单"开始"选项卡,单击"样式"组的"标题 2";类似地,"二线强"、"二线中"和"二线弱"样式为"标题 3"。如果默认不显示标题 3 样式,可使用 Ctrl＋Alt＋3 组合键。

（2）打开"页面设置"对话框,参照之前方法,设置页面垂直对齐方式为"顶端对齐";纸张方向为横向、纸张大小为 A4。行号设置:在"页面设置"对话框的"布局"选项卡中,单击"行号"按钮,弹出"行号"对话框,如图 1-29 所示,选中"添加行编号"复选框,"起始编号"选 1。

（3）第 3 页中"三线城市"样式为"标题 2";"三线强"、"三线中"和"三线弱"样式为"标题 3"。第三页页面垂直对齐方式为"底端对齐",纸张方向为纵向、纸张大小为 A4。

（4）第 4 页设置页面垂直对齐方式为"顶端对齐";纸张方向为纵向、纸张大小为 A5。

4. 创建页脚

（1）选择"插入"选项卡,单击"页眉和页脚"组的"页脚"|"编辑页脚",进入页脚编辑状态。先使用"居中"按钮使页脚居中,再在页脚中输入文字"第节　第页 共页"。

（2）将光标置于"第节"两个字中间。选择"插入"选项卡,单击"文本"组的"文档部件"|"域",弹出"域"对话框,"类别"选择"编号","域名"选择 Section,"域属性"选择"壹,贰,叁,…",如图 1-30 所示,单击"确定"按钮。

图 1-30　Section 域

（3）将光标置于"第页"两个字中间，弹出"域"对话框，"类别"选择"编号"，插入 Page 域，"域属性"选择"1，2，3，…"。将光标置于"共页"两个字中间，弹出"域"对话框，"类别"选择"文档信息"，插入 NumPages 域，"域属性"选择"1，2，3，…"。插入页脚后，可以观察到所有页的页脚均已生成，其中第 2 页页脚如图 1-31 所示。

图 1-31　第 2 页页脚

5．创建索引

（1）新建一个 Word 空白文档"自动索引"，在该文档中，插入一张 3 行 2 列的表格，并输入如图 1-32 所示的内容，注意冒号为英文标点符号，保存并关闭文档。

上海	上海: shanghai
浙江	浙江:zhejiang
江苏	江苏:jiangsu

图 1-32　自动索引表格

（2）将光标定位于文档"城市排名"第 4 页第 2 行（也就是"索引"文字的下面一行），选择"引用"选项卡，单击"索引"组的"插入索引"，弹出"索引"对话框，如图 1-33 所示，单击"自动标记"按钮。

（3）弹出"打开索引自动标记文件"对话框，如图 1-34 所示，选择刚创建完成的"自动索引.docx"文档，单击"打开"按钮。

图 1-33 "索引"对话框

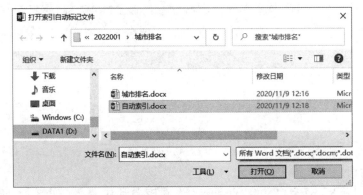

图 1-34 "打开索引自动标记文件"对话框

（4）Word 会自动在整篇文档中搜索"自动索引.docx"文档表格第 1 列文字的确切位置，并使用表格第 2 列中的文本作为索引项进行标记。文档中"上海、浙江、江苏"已经被自动标记索引项，其中第 2 页标记如图 1-35 所示，江苏标记「·XE·"江苏:jiangsu"·」，浙江标记「·XE·"浙江:zhejiang"·」，如果被索引文本在一个段落中重复出现多次，只对其在此段落中的首个匹配项进行标记。

（5）取消选中"开始"选项卡"段落"组的"显示/隐藏编辑标记"命令 ，使其隐藏编辑标记，保存文件。

（6）将光标再次定位于文档"城市排名"第 4 页第 2 行，选择"引用"选项卡，单击"索引"组的"插入索引"，弹出"索引"对话框，选中"页码右对齐"选项，"栏数"为 2，"排序依据"为"笔画"，单击"确定"按钮，即可完成索引的创建，如图 1-36 所示。

1 · 二线城市 ·

2 · 二线强 ·

3   1 江苏[· XE ·"江苏:jiangsu"·]南京·2 武汉·3 沈阳·4 西安·5 成都·6 重庆·7 浙江[· XE ·"浙江:zhejiang"·]杭州 8 青岛 9 大连·10 浙
4   江宁波 ·

5 · 二线中：· ·

6   11 济南·12 哈尔滨·13 长春 14 厦门 15 郑州·16 长沙·17 福州 18 乌鲁木齐·19 昆明·20 兰州·21 江苏[· XE ·"江苏:jiangsu"·]苏州 22
7   江苏无锡·

8 · 二线弱 ·

9   23 南昌 24 贵阳·25 南宁·26 合肥·27 太原·28 石家庄·29 呼和浩特·30 佛山 31 东莞·32 唐山·33 烟台·34 泉州·35 包头·
10 ·――――――――――――――――――――――――分节符(下一页)――――――――――――――――――――――――

图 1-35　标记索引项

图 1-36　完成索引创建

6. 插入域

（1）将光标定位于文档最后一行，按 Enter 键换行，选择"插入"选项卡，单击"文本"组的"文档部件"|"域"，弹出"域"对话框，"类别"选择"文档信息"，"域名"选择 FileName，"格式"选择"（无）"，如图 1-37 所示，单击"确定"按钮，插入该文档的文件名称。

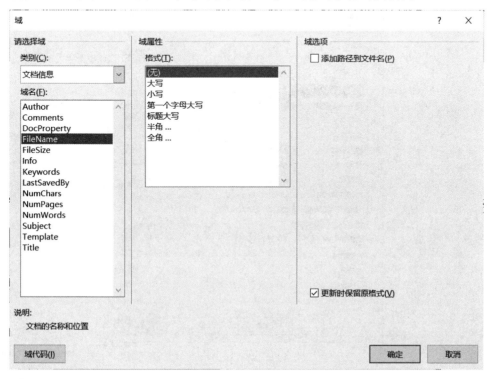

图 1-37　FileName 域

Word 高级应用

（2）按 Enter 键换行后，再次打开"域"对话框，"类别"选择"日期和时间"，"域名"选择 CreateDate，"日期格式"选择"yyyy 年 M 月 d 日星期 W"（如果系统中没有该格式，请选择其他有显示星期的格式），单击"确定"按钮，插入文档创建的日期。

（3）选择"文件"|"选项"，弹出"Word 选项"对话框，选择"常规"选项，填写"用户名"为你的名字，保存文档，关闭"城市排名"文件。

（4）在计算机中选择"城市排名"文件右击，在弹出的快捷菜单中选择"属性"，出现"城市排名.docx 属性"对话框，选择"详细信息"选项卡，如图 1-38 所示，单击"作者"右边的文本框输入你的真实姓名。其中"最后一次保存者"信息是由上一步骤决定其内容，这里不能修改。

（5）重新打开"城市排名"文件，到最后一行回车换行后，再次打开"域"对话框，"类别"选择"文档信息"，"域名"选择 Author，"格式"选择"无"，单击"确定"按钮，插入该文档的作者，此时文档中应显示为你的姓名。

7. 创建书签

（1）选中第 1 页"一线城市"文字，选择"插入"选项卡，单击"链接"组的"书签"，弹出"书签"对话框，"书签名"输入 Top，单击"添加"按钮，即可创建书签。再次打开"书签"对话框，可看到 Top 已经在列表中，表示已经创建，如图 1-39 所示。

图 1-38　输入作者信息

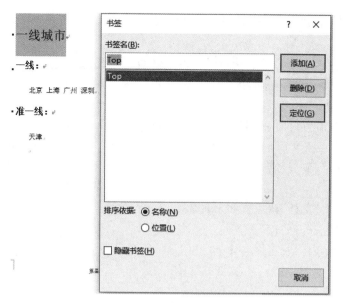

图 1-39　创建书签

（2）将光标定位于文档最后一行，回车换行，选择"插入"选项卡，单击"链接"组的"交叉引用"，弹出"交叉引用"对话框，"引用类型"选"书签"，"引用内容"选"书签文字"，"引用哪一个书签"选 top，单击"插入"按钮。

（3）插入书签标记过的文本后，光标指向该文字，会出现"top，按住 Ctrl 并单击可访问链接"提示，表示可以超链接到第一页。

（4）插入域后，光标指向最后一行文字，效果如图 1-40 所示，最后几行单击都有底纹，表示是可以更新的域文字。

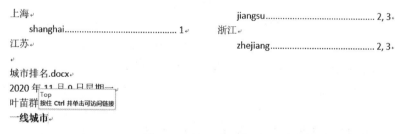

图 1-40　插入域后效果

（5）按 Alt＋F9 组合键，观察最后一页域代码，如图 1-41 所示。

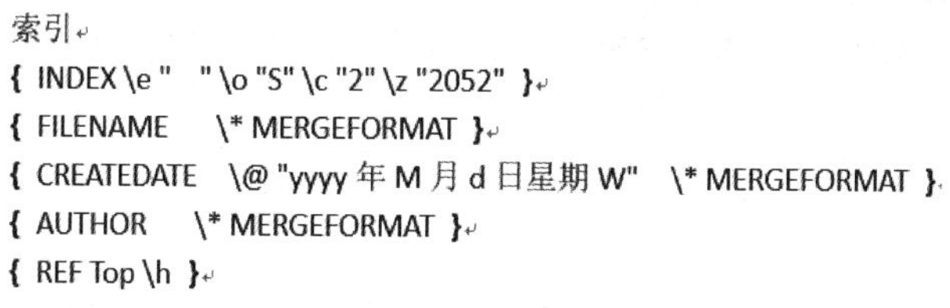

索引
{ INDEX \e "　　" \o "S" \c "2" \z "2052" }
{ FILENAME 　　 * MERGEFORMAT }
{ CREATEDATE 　 \@ "yyyy 年 M 月 d 日星期 W" 　 * MERGEFORMAT }
{ AUTHOR 　 * MERGEFORMAT }
{ REF Top \h }

图 1-41　显示域代码

（6）再按 Alt＋F9 组合键恢复正常文字显示。单击取消选择"开始"选项卡上"段落"组的"显示/隐藏编辑标记"命令 ✳️，使其隐藏编辑标记。保存"城市排名"文件。

1.4 案例4 毕业论文综合排版

【要求】

毕业论文一般需有封面、中文摘要、英文摘要、目录、正文、参考文献和致谢等。封面没有页码；中文摘要至正文前部分页码用罗马数字连续表示；正文部分页码用阿拉伯数字连续表示。正文中的章节编号自动生成；图、表题注自动更新生成；参考文献用脚注的形式按引用次序给出。

现有"毕业论文"文档，请完成如下具体要求。

第一，将各内容分节处理。

摘要、英文摘要、目录、正文各章、参考文献、致谢等分别进行分节处理，每个内容单独一节。

第二，对正文排版。

(1) 使用多级列表对章名、小节名进行自动编号，代替原始的编号。具体要求：

- 章号为一级标题，使用样式"标题1"。自动编号格式为：第×章(例：第1章)，其中×为自动序号，阿拉伯数字。字体为"宋体、加粗、小二号"。对应级别1，居中显示。
- 小节名1为二级标题，使用样式"标题2"。自动编号格式为：X.Y(例：1.1)，其中X为章数字序号，Y为节1数字序号。字体为"宋体、加粗、四号"。对应级别2，左对齐显示。
- 小节名2为三级标题，使用样式"标题3"。自动编号格式为：X.Y.Z(例：1.1.1)，其中X为章数字序号，Y为节1数字序号，Z为节2数字序号。字体为"宋体、加粗、五号"。对应级别3，左对齐显示。

(2) 摘要、Abstract、参考文献、致谢的标题使用样式"标题1"，并居中，删除章编号。

(3) 对正文中的图添加题注"图"，位于图下方，居中。具体要求：

- 编号为"章序号"-"图在章中的序号"。例如，第2章第1幅图，题注编号为"2-1"。
- 图的说明使用图下面一行的文字，格式同编号，图居中。

(4) 对正文中出现"如下图所示"的"下图"，使用交叉引用，改为"图X-Y"，其中X-Y为题注的编号。

(5) 对正文中的表添加题注"表"，位于表上方，居中。具体要求：

- 编号为"章序号-表在章中的序号"。例如，第2章第1张表，题注编号为"2-1"。
- 表的说明使用表上面一行的文字，格式同编号，表居中，表内文字不要居中。

(6) 对正文中出现"如下表所示"的"下表"，使用交叉引用，改为"表X-Y"，其中X-Y为表题注的编号。

(7) 对正文中出现的"1、2、3……"或"(1)、(2)……"等有编号文字处，进行自动编号，编号格式不变。

(8) 新建一个样式，样式名为你的学号，样式要求：字体为"楷体"，字号为"五号"，段落格式为首行缩进2字符，1.3倍行距。将新建的样式应用到正文中无编号的文字，不包括章名、小节名、表文字、题注、脚注等。

第三,在正文前按序插入三节,使用 Word 提供的功能,自动生成如下内容。

(1) 第 1 节:目录。其中:"目录"使用样式"标题 1",居中,"目录"下为目录项。

(2) 第 2 节:图索引。其中:"图索引"使用样式"标题 1",居中,"图索引"下为图索引项。

(3) 第 3 节:表索引。其中:"表索引"使用样式"标题 1",居中,"表索引"下为表索引项。

第四,添加论文的页脚。

(1) 封面不显示页码,摘要至正文前采用"i,ii,iii,……"格式,页码连续。

(2) 正文页码采用"1,2,3,……"格式,页码连续。

(3) 更新目录、图索引和表索引。

第五,添加论文的页眉。

(1) 封面不显示页眉,摘要至正文前部分的页眉显示" ** 大学本科毕业论文"。

(2) 添加正文的页眉。

- 对于奇数页,页眉中的文字为"章序号"+"章名"。
- 对于偶数页,页眉中的文字为"节序号"+"节名"。

(3) 添加致谢、参考文献的页眉为各自的标题文字。

【知识点】
长文档排版、多级列表、奇偶页页眉页脚、分节、目录、索引、题注、交叉引用

【操作步骤】

1. 分节处理

(1) 打开素材"毕业论文.docx"文档,将光标定位于"摘要"前,选择"布局"选项卡,单击"页面设置"组的"分隔符"|"下一页",插入分节符。

(2) 将光标分别定位于 Abstract、"第一章"、"第二章"、"第三章"、"第四章"、"第五章"、"参考文献"和"致谢"前,也同样插入"下一页"分节符。

(3) 选择"视图"选项卡,单击"视图"组的"草稿",可观察到分节符,如图 1-42 所示。首页相应位置输入学号和姓名后,选择"页面视图"返回页面视图。

2. 章节自动编号

(1) 将光标定位于"第一章 绪论"行,选择"开始"选项卡,单击"段落"组的"多级列表"，在下拉列表中选择"定义新的多级列表",打开"定义新多级列表"对话框。

(2) 单击左下角"更多"按钮,展开对话框其他内容。在"单击要修改的级别"列表框中选择"1"选项;在"输入编号的格式"文本框中,在"1"的左右两侧分别输入文字"第"和"章",构成"第1章"的形式。如果不小心删除了中间有底纹的1,可以通过"此级别的编号样式"中"1,2,3,..."来插入。

(3) 在"将级别链接到样式"下拉列表中选择"标题 1"选项,如图 1-43 所示。此时不要单击"确定"按钮,接着设置其他级别内容。

(4) 在"单击要修改的级别"下拉列表中选择"2"选项;"输入编号的格式"文本框中内容为"1.1";在"将级别链接到样式"下拉列表中选择"标题 2"选项,"对齐位置"为"0 厘米"、"文本缩进位置"为"1 厘米",如图 1-44 所示。如果不小心删除了中间有底纹的 1.1,前面的 1 可以通过"包含的级别编号来自"|"级别 1"来插入;后面的 1 可以通过"此级别的编号

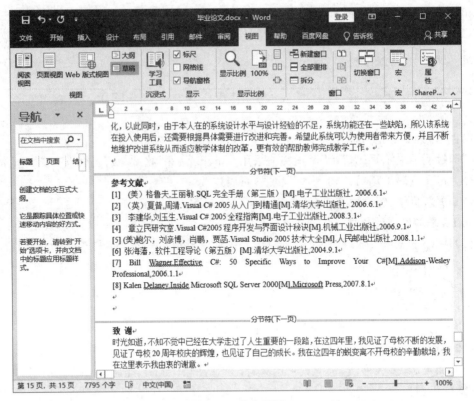

图 1-42　草稿视图

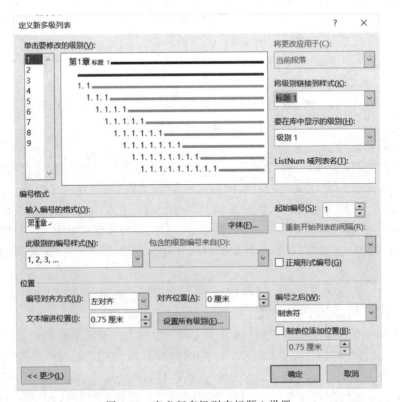

图 1-43　定义新多级列表标题 1 设置

样式"|"1,2,3,…"来插入。

（5）在"单击要修改的级别"列表框中选择"3"选项；"输入编号的格式"文本框内容为默认的"**1.1.1**"；在"将级别链接到样式"下拉列表中选择"标题3"选项，"对齐位置"设置为"0厘米"，"文本缩进位置"设置为"1厘米"，如图1-45所示。如果不小心删除了中间有底纹的**1.1.1**，第1个**1**可以通过"包含的级别编号来自"|"级别1"来插入；第2个**1**可以通过"包含的级别编号来自"|"级别2"来插入；最后的**1**可以通过"此级别的编号样式"|"1,2,3,..."来插入。

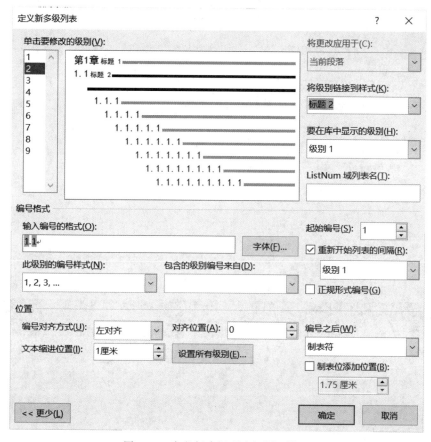

图1-44　定义新多级列表标题2设置

（6）单击"确定"按钮，此时光标所在的"第一章 绪论"行已经自动编号，并已经应用了样式"标题1"，变成"第1章 绪论"字样。单击"样式"右边的对话框启动器 ，打开"样式"窗格，选中"显示预览"复选框，如图1-46所示。

（7）在"样式"窗格中单击"第1章 标题1"右边的下拉按钮，选择下拉列表中"修改"项，弹出"修改样式"对话框，设置格式大小为"小二"、加粗，段落格式为居中 ，如图1-47所示。单击"确定"按钮。

（8）将光标定位于"第1章 绪论"行，双击格式刷 选中它，此时鼠标形状变成了一把刷子，表示可以开始复制格式。向下滚动窗口，单击或选中"第二章"所在行，此时"第二章"所在行的格式与"第1章"所在行的格式相同，即复制了格式。同样地，将其他章也使用格式刷，等所有章格式刷完后，再单击格式刷取消格式复制状态。

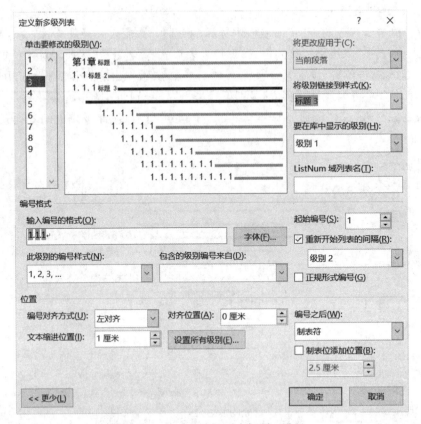

图 1-45　定义新多级列表标题 3 设置

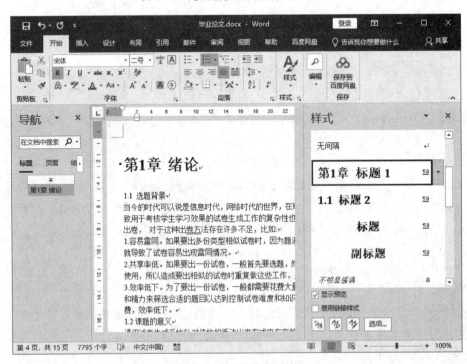

图 1-46　打开"样式"窗格

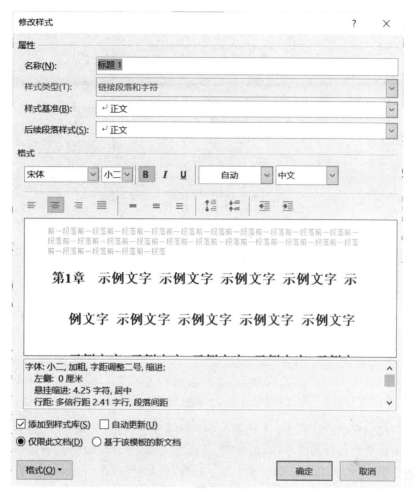

图 1-47　修改样式

（9）将光标定位于"1.1 选题背景"行，单击"样式"窗格"1.1 标题 2"，使该行应用标题 2 样式。修改"**1.1 标题 2**"样式，设置格式大小为"四号"，加粗，段落格式为左对齐 ≣ 。

（10）选中它后，双击格式刷，此时鼠标形状变成了一把刷子。向下滚动窗口，将光标移动到"1.2"所在行左侧的空白区域，等所有类似"1.2""2.1""3.2"格式刷完后，再单击格式刷取消格式复制状态。

（11）将光标定位于"2.3.1 公共语言运行库"行，单击"样式"窗格"**1.1.1 标题 3**"（如果不显示标题 3 样式，可使用 Ctrl＋Alt＋3 组合键），使该行应用标题 3 样式。修改"1.1.1 标题 3"样式，设置格式大小为"五号"，加粗，段落格式为左对齐。

（12）双击格式刷选中它，此时鼠标形状变成了一把刷子。向下滚动窗口，将光标移动到"2.3.2"所在行左侧的空白区域，等所有类似"3.1.1"格式刷完后，再单击格式刷取消格式复制状态。

（13）复制格式完成后，观察"导航"窗格如图 1-48 所示。可以发现自动编号和非自动编号完全重复了，这里要删除多余的非自动编号（单击编号，如果没有灰色底纹即为非自动编号）。

图 1-48 "导航"窗格

这里推荐便捷定位删除方法：单击"导航"窗格其中一项如"1.1 1.1 选题背景"，然后光标会自动定位到文档非自动编号（第二个 1.1）前，按几次 Delete 键将其删除即可。再单击导航窗格下一项，按几次 Delete 键将多余文字删除，如此反复，将所有多余原编号删除。

（14）"摘要"、Abstract、"参考文献"和"致谢"等文字请使用样式"标题 1"，并居中，删除自动产生的多余的章编号。

3. 插入图、表题注

（1）将光标定位在正文第一张图"ADO. NET 对象模型"下面一行的文字前，选择"引用"选项卡中的"题注"组的"插入题注"，打开"题注"对话框，单击"新建标签"按钮，弹出"新建标签"对话框，在"标签"下的文本框中输入"图"，如图 1-49 所示。

图 1-49 题注标签建立

（2）单击"确定"按钮，返回"题注"对话框中，单击"编号"按钮，弹出"题注编号"对话框，选中"包含章节号"复选框，如图 1-50 所示，单击"确定"按钮返回。如果已经选中就不用操作了。

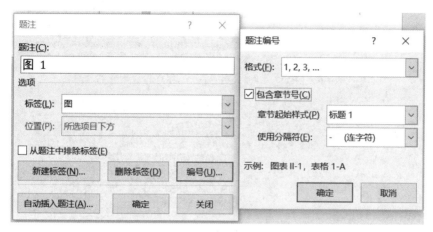

图 1-50　题注编号设置

（3）返回"题注"对话框，"题注"文本框下方会自动显示"图 2-1"，如图 1-51 所示，表示题注标签创建完毕，单击"确定"按钮，插入题注。

（4）单击"居中"按钮将题注居中，同样将图也居中，此时结果如图 1-52 所示。

（5）将光标分别定位在其余图下面一行的文字前，选择"引用"选项卡，单击"题注"组的"插入题注"，弹出"题注"对话框后，直接单击"确定"按钮即可完成之后图的题注的插入，然后再设置题注居中，图居中。

（6）表题注操作类似，不同之处在于：光标定位于表上方一行的文字前，新建"表"标签，再插入题注，设置题注居中，表居中。

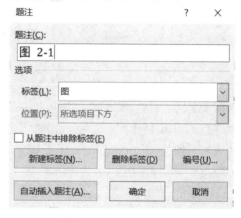

图 1-51　"题注"对话框

说明：

不管图题注、表题注有没有操作完成，如果所操作的计算机里没有"图"或"表"标签，就需要新建。如果没有"图"或"表"标签，会影响到之后的交叉引用、图索引和表索引的创建。

4. 插入交叉引用

（1）选中文档中某图上下文附近的"如下图所示"文字的"下图"两个字，选择"引用"选项卡|"题注"组的"交叉引用"，弹出"交叉引用"对话框。"引用类型"选择"图"，"引用内容"选择"仅标签和编号"，"引用哪一个题注"选择要根据你选中的"下图"所对应的图来决定，如图 1-53 所示。单击"插入"按钮插入交叉引用。单击插入的引用观察一下，应该有底纹出现，例如"如图 2-1 所示"。

（2）不要关闭"交叉引用"对话框，单击文档其他任意位置使光标定位在文档中，滚动鼠标找到并选中之后的"如下图所示"文字的"下图"两个字，重新选择"引用哪一个题注"，再单

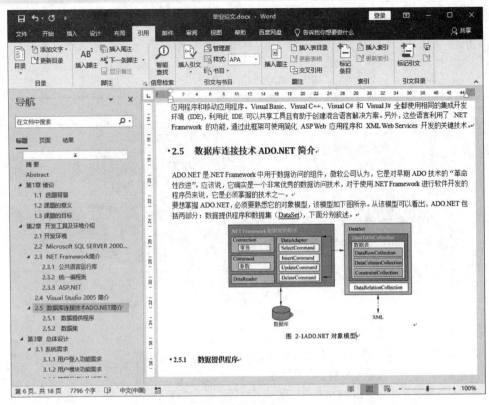

图 1-52　插入题注效果

击"插入"按钮。等全部交叉引用操作完成后，再关闭该对话框。

（3）选中文档中"如下表所示"的"下表"两个字，打开"交叉引用"对话框，"引用类型"选择"表"，其他操作类似，插入表交叉引用，如图 1-54 所示。

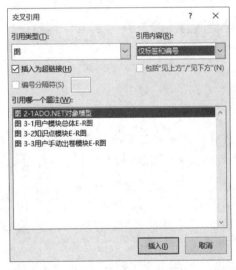

图 1-53　图交叉引用

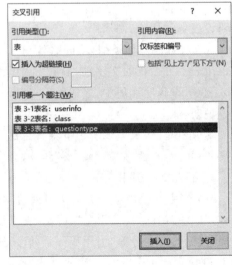

图 1-54　表交叉引用

5. 序号自动编号和新建样式

（1）要对正文中出现的"1,2,3……"或"（1），（2）……"等有编号段落进行自动编号，编号格式不变。推荐方法：如果编号段落连续的话，鼠标拖动选中连续有编号的段落，选择"开始"选项卡，单击"段落"组的"编号"⋮即可；如果单行的话，只要光标放在那一行，单击"编号"按钮即可。完成自动编号后，单击编号文字应该有底纹。

（2）光标放在正文中除标题行和编号行之外的任意位置（如"当今的时代可以说是信息时代"），单击"样式"窗格左下角的"新建样式"按钮 ，新建一个样式；样式名为你的学号，样式要求：字体为"楷体"，字号为"五号"，段落格式为首行缩进 2 字符，1.3 倍行距，如图 1-55 所示，务必将"名称"改为你的真实学号。

图 1-55　新建样式

（3）使用格式刷，将新建的样式应用到正文中无编号的文字，不包括章名、小节名、表文字、题注、脚注等。

6. 插入目录及图、表索引

（1）单击"第 1 章"，选择"布局"选项卡，单击"页面设置"组的"分隔符"|"下一页"，插入分节符，同样操作再插入两次，这样正文前共生成三张空白页。

（2）将光标定位于第一张空白页，在第一行输入"目录"，并将文字前自动生成的"第 1 章"字样删除。

（3）将光标定位于"目录"后，按 Enter 键。选择"引用"选项卡，单击"目录"组的"目录"|"自定义目录"，弹出"目录"对话框。"显示级别"设定为"3"，如图 1-56 所示，单击"确定"按钮。

（4）将光标定位于第二张空白页，在第一行输入"图索引"，并将文字前自动生成的"第 1 章"字样删除。

Word 高级应用

图 1-56 "目录"对话框

(5)将光标定位于"图索引"后,按 Enter 键。选择"引用"选项卡,单击"题注"组的"插入表目录",弹出"图表目录"对话框。

(6)"题注标签"选择"图"(如果没有图标签,请新建该标签),如图 1-57 所示,单击"确定"按钮。

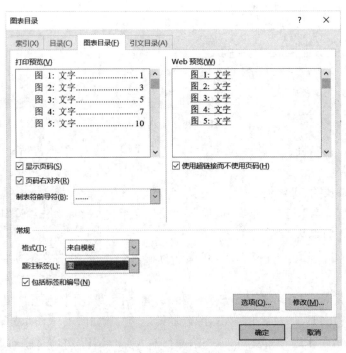

图 1-57 制作图索引目录

（7）将光标定位于第三张空白页，在第一行输入"表索引"，并将文字前自动生成的"第1章"字样删除。光标定位于"表索引"后，按 Enter 键。选择"引用"选项卡，单击"题注"组的"插入表目录"，弹出"图表目录"对话框，"题注标签"选择"表"，单击"确定"按钮。

7. 插入页码

（1）将光标定位在"摘要"一节，选择"插入"选项卡，单击"页眉和页脚"组的"页脚"|"编辑页脚"，进入页脚编辑状态，如图 1-58 所示。选择"页眉和页脚工具设计"选项卡，单击"导航"组的"链接到前一条页眉"，使其处于未选中状态，此时页脚右边的"与上一节相同"文字会消失。这样本节页脚的操作就不会影响到上一节了。

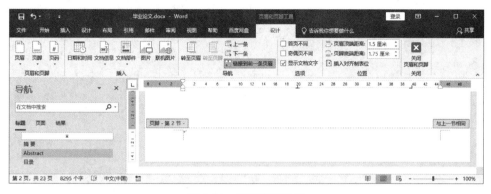

图 1-58　页脚编辑状态

（2）将光标居中后，选择"插入"选项卡，单击"文本"组的"文档部件"|"域"，弹出"域"对话框，"类别"选择"编号"，"域名"选择 Page，"格式"选择"i,ii,iii,..."，如图 1-59 所示，单击"确定"按钮。

图 1-59　Page 域

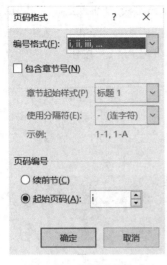

图 1-60　设置页码格式

（3）右击刚插入的页码"i"，在弹出的快捷菜单中选择"设置页码格式"，弹出"页码格式"对话框，"编号格式"选择"i，ii，iii，…"，"页码编号"选择"起始页码"为"i"，如图 1-60 所示，单击"确定"按钮。

（4）选择"页眉和页脚工具设计"选项卡，单击"导航"组的"下一条"将光标定位到下一节，右击页脚"i"，在弹出的快捷菜单中选择"设置页码格式"，弹出"页码格式"对话框，"编号格式"选择"i，ii，iii，…"，"页码编号"选择"续前节"，单击"确定"按钮。其余几节的页脚（一直到正文前的表索引）都要如此进行设置。

（5）设置完成后，更新目录：右击目录项，在弹出的快捷菜单中选择"更新域"，弹出"更新目录"对话框，选择"更新整个目录"选项，再单击"确定"按钮。生成的目录如图 1-61 所示。

目录

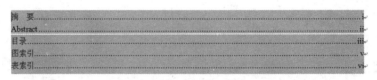

图 1-61　目录效果

（6）将光标定位在"第 1 章"一节，双击页脚区域，进入页脚编辑状态。选择"页眉和页脚工具设计"选项卡，单击"导航"组的"链接到前一条页眉"，使其处于未选中状态，此时页脚右边的"与上一节相同"文字消失。

（7）选中页脚页码"i"，选择"页眉和页脚工具设计"选项卡，单击"插入"组的"文档部件"|"域"，弹出"域"对话框，"类别"选择"编号"，"域名"选择 Page，"格式"选择"1，2，3，…"，单击"确定"按钮后，并设置页码居中。

（8）将光标分别定位在"第 2 章""第 3 章"……"致谢"所在的节，右击页脚页码部分，在弹出的快捷菜单中选择"设置页码格式"，弹出"页码格式"对话框，"编号格式"选择"1，2，3，…"，"页码编号"选择"续前节"，如图 1-62 所示，单击"确定"按钮。

（9）更新目录、表索引和图索引。

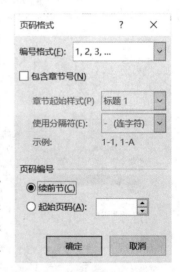

图 1-62　页码格式设置续前节

8. 插入页眉

（1）将光标定位在"摘要"一节，选择"插入"选项卡，单击"页眉和页脚"组的"页眉"|"编辑页眉"，进入页眉编辑状态。选择"页眉和页脚工具设计"选项卡，单击"导航"组的"链接到前一条页眉"，使其处于未选中状态，此时页眉右边的"与上一节相同"文字已消失，选中"奇

偶页不同"复选框；此时左上角页眉显示"奇数页页眉"，页眉中输入"∗∗大学本科毕业论文"，如图1-63所示。

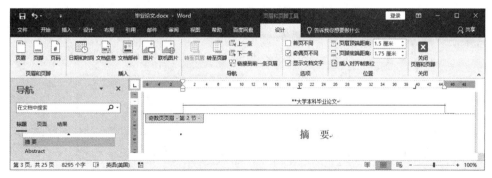

图1-63 编辑奇数页页眉

（2）选择"页眉和页脚工具设计"选项卡，单击"导航"组的"下一条"，左上角页眉显示"偶数页页眉"，单击"链接到前一条页眉"，使"与上一节相同"文字消失，页眉处输入"∗∗大学本科毕业论文"。

（3）将光标定位在"第1章"一节，双击页眉区域，进入页眉编辑状态。单击"链接到前一条页眉"，使"与上一节相同"文字消失。删除页眉原来文字，打开"域"对话框，"类别"选择"链接和引用"，"域名"选择 StyleRef，"样式名"选择"标题1"，选中"插入段落编号"复选框，如图1-64所示，单击"确定"按钮，插入章编号。

图1-64 StyleRef 域

（4）输入一个空格后，打开"域"对话框，"类别"选择"链接和引用"，"域名"选择

StyleRef，"样式名"选择"标题 1"，取消选中"插入段落编号"复选框，单击"确定"按钮，插入章名。选中插入的页眉，可以看到灰色底纹，因为插入的是域，如图 1-65 所示。

图 1-65　插入标题 1 页眉

（5）滚动鼠标到"偶数页页眉"，单击"链接到前一条页眉"，使"与上一节相同"文字消失。用类似插入章编号和章名方法插入节编号和节名，不同之处是原来"域属性"选择"标题1"，这次要选择"标题 2"，其他均一样。完成后如图 1-66 所示。

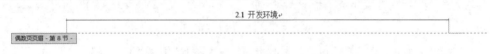

图 1-66　插入标题 2 页眉

（6）修改参考文献和致谢两节页眉，使得页眉仅显示标题文字。

（7）因为设置了"奇偶页不同"，所以页脚中也要做相应处理：光标移到第"i"页（摘要页）页脚，将页脚复制到下一页；光标移到第"1"页页脚，复制页脚，光标移到下一页，取消"与上一节文字相同"文字后，将页脚粘贴过来，如果页码格式不对，也要进行修改，使页码连续编号。正文前面偶数页页眉也要做相应处理。

（8）更新目录、图索引、表索引，将毕业论文封面的学号和姓名填写完整，按 Ctrl 键加滚动鼠标，可以查看毕业论文的排版效果，如图 1-67 所示，保存文件。

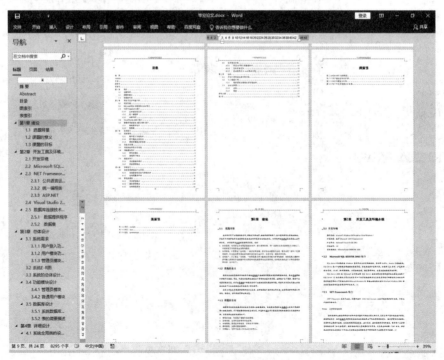

图 1-67　毕业论文排版效果

1.5　案例5　Word VBA 制作选择题

【要求】

Visual Basic for Applications（VBA）编程可用来扩展 Microsoft Word 2019，VBA 的特点是将 VB 语言与应用对象模型结合起来，处理各种应用需求。Word VBA 是将 VB 应用于 Word 对象模型，或者说是用 VB 语言来操控这些 Word 对象模型，以达到各种应用的要求。所以，如果你想通过 VBA 控制 Word，必须同时熟悉 VB 语言和 Word 对象模型。

现要求使用 Word VBA 制作考卷中的选择题，包括单选题和多选题。其中，要使用到窗体控件选项按钮和复选框，并进行 VBA 代码编程实现选择题自动批改。

【知识点】　Word VBA

【操作步骤】

1. 准备工作

（1）打开 Word 素材文件"用 Word 制作选择题.docx"，选择"文件"|"选项"，弹出"Word 选项"对话框，选择左边选项"信任中心"，再单击"信任中心设置"按钮，弹出"信任中心"对话框，选择左边选项"宏设置"，再单击选中"启用所有宏（不推荐；可能会运行有潜在危险的代码）"单选按钮，并单击选中"信任对 VBA 工程对象模型的访问"复选框，如图 1-68 所示，单击"确定"按钮。

图 1-68　宏设置

（2）在"Word 选项"对话框中，选择左边选项"自定义功能区"，在右上角"自定义功能区"下拉列表中选择"主选项卡"，选中"开发工具"项。假如没有该项，要从左边列表框中添加，如图 1-69 所示，单击"确定"按钮后，Word 应用程序主菜单会增加"开发工具"选项卡。

（3）选择"文件"|"另存为"，弹出"另存为"对话框，保存类型选择"启用宏的 Word 文档（*.docm）"，文件名输入"用 Word 制作选择题.docm"，如图 1-70 所示。

2. 单选题前插入选项按钮

（1）将光标定位在第 1 题"A."前，选择"开发工具"选项卡，单击"控件"组的"旧式工具"选项，弹出"旧式窗体"，单击 ActiveX 控件下的"选项按钮（ActiveX）控件" ⊙，如图 1-71 所示。此时在"A."前插入了 OptionButton1 选项按钮。

图 1-69　添加开发工具

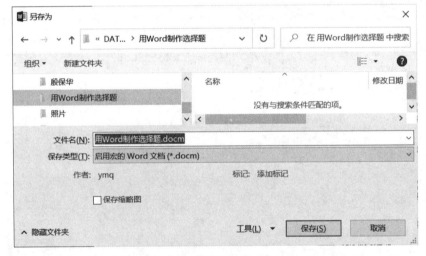

图 1-70　保存带有宏的文档

（2）剪切 A 选项所有内容"A. 前者分时使用 CPU，后者独占 CPU"，右击 OptionButton1 选项按钮，在弹出的快捷菜单中选择"属性"，弹出"属性"窗口。

（3）在"属性"窗口中，单击（名称）右边的框输入 Op11。单击 GroupName 右边的框输入 d1。选中 Caption 属性右边的框文字，按 Ctrl＋V 组合键粘贴刚才剪切的内容。

（4）双击 AutoSize、WordWrap 属性，使其属性分别为 True、False。此时"设计模式"自动处于选中状态，如图 1-72 所示。

（5）复制 Op11 选项按钮到 B 选项前，剪切 B 选项所有内容，右击新复制的选项按钮，打开"属性"窗口。单击（名称）右边的框输入 Op12。单击 Caption 属性右边的框，按 Ctrl＋

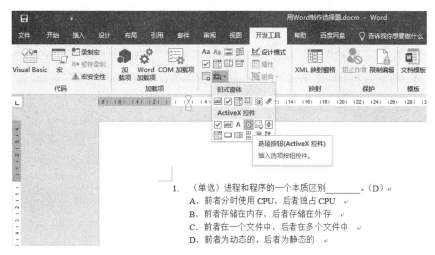

图 1-71　插入选项按钮

图 1-72　设置选项按钮属性

V 组合键粘贴刚才剪切的内容。同样的操作，复制其他选项，并修改其 Caption 属性，分别命名为 Op13、Op14。

（6）复制第 1 题中完成的四个选项到第 2 题中，名称命名为 Op21、Op22、Op23、Op24，Caption 属性改为各个选项。修改该题所有选项的 GroupName 属性为 d2。

（7）选中第 1 题中原来答案区域，插入旧式窗体中的标签 **A** 控件 Label1，将其 ForeColor 属性设置成红色；复制到第 2 题，名称改为 Label2，其他不变，如图 1-73 所示。

3. 多选题前插入复选框

（1）将光标定位在第 3 题"A."前，选择"开发工具"选项卡，单击"控件"组的"旧式工具"

Word 高级应用

选项,弹出"旧式窗体",单击"复选框(ActiveX 控件)" ☑ 。此时在"A."前插入了 ☐ CheckBox1 选项按钮。

(2) 剪切 A 选项所有内容,在选项按钮"属性"窗口中,单击(名称)右边的框输入 Ch31。单击 Caption 属性右边的框,按 Ctrl+V 组合键粘贴刚才剪切的内容。双击 AutoSize、WordWrap 属性,使其属性分别为 True、False。

(3) 同样地,参照选项按钮步骤,插入其他复选框,分别命名为 Ch31、Ch32、Ch33、Ch34、Ch41、Ch42、Ch43、Ch44。将各选项内容也修改好。复制第 2 题答案区域 Label2 标签到第 3、4 题,名称改名为 Label3、Label4。将所有标签的 Caption 属性设置为空。如图 1-74 所示,记录题目答案,在文档中删除之。

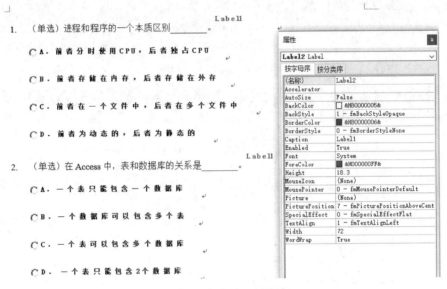

图 1-73　完成单选题设计

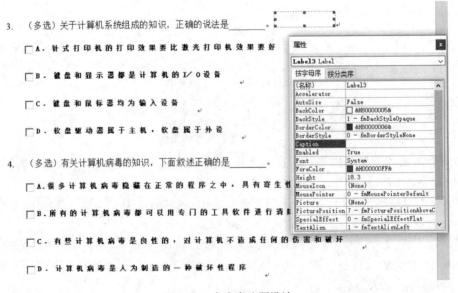

图 1-74　完成多选题设计

4. 判断正误并计算得分

（1）将光标定位在第 4 题之后，选择"开发工具"选项卡，单击"控件"组的"旧式工具"选项，弹出"旧式窗体"，单击"命令按钮（ActiveX 控件）" ▭ 。

（2）将命令按钮 Caption 属性改为"判断正误并计算得分"，双击 AutoSize、WordWrap 属性，使其属性分别为 True、False。

（3）双击该按钮，进入 VBA 代码编写窗口，输入以下代码，如图 1-75 所示。

```
d = 0: s = 0
Label1.Caption = "": Label2.Caption = ""
Label3.Caption = "": Label4.Caption = ""
If Op14.Value = True Then d = d + 1 Else Label1.Caption = "错"
If Op22.Value = True Then d = d + 1 Else Label2.Caption = "错"
If Not Ch31.Value And Ch32.Value And Ch33.Value And Not Ch34.Value Then
    s = s + 1
Else
    Label3.Caption = "错"
End If
If Ch41.Value And Not Ch42.Value And Not Ch43.Value And Ch44.Value Then
    s = s + 1
Else
    Label4.Caption = "错"
End If
MsgBox ("你的得分是:" & d * 20 + s * 30)
```

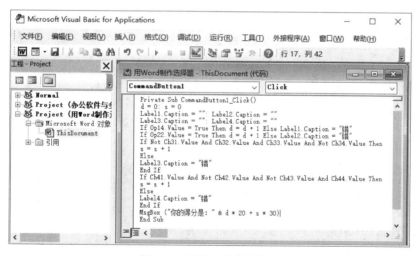

图 1-75　判断正误代码输入

（4）关闭 Microsoft Visual Basic for Applications 窗口，加入文本框输入学号和姓名后，保存文件。

（5）选择"开发工具"选项卡，单击"控件"组的"设计模式"，取消其选中状态。保护组中单击"限制编辑"，出现"限制编辑"任务窗格，选中"仅允许在文档中进行此类型的编辑"复选框，在下拉列表中选择"不允许任何更改（只读）"，如图 1-76 所示。

（6）单击"是，启动强制保护"按钮，弹出"启动强制保护"对话框，如图 1-77 所示。设置密码为"123"，保存文档，并另存为"用 Word 制作选择题（保护）"文档。注意接下来调试期间不要再重新保存了。

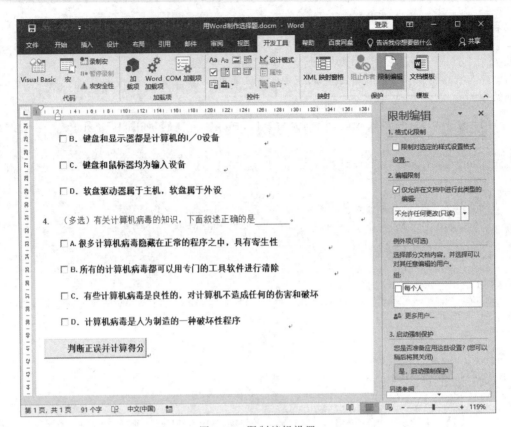

图 1-76　限制编辑设置

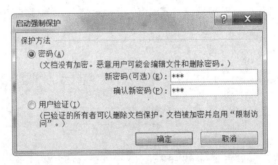

图 1-77　密码保护

（7）开始做题调试，选择选项按钮和复选框，再单击按钮可得最后分数。图 1-78 所示为全部做对了，图 1-79 所示为有部分错误，在题目右上角会有"错"字提示。

注意：

多次调试需要重新打开文档"用 Word 制作选择题（保护）"，期间不要保存该文件。

（8）如果测试完全符合要求，测试后关闭文档，不要保存文档，操作结束。

（9）如果测试不完全符合要求，不要保存文档，关闭文档。重新打开文档"用 Word 制作选择题（保护）"。选择"开发工具"选项卡，保护组中单击"限制编辑"，单击"限制编辑"窗格中的"停止保护"按钮，输入"123"密码。取消选中"限制编辑"窗格中的"仅允许在文档中进行此类型的编辑"复选框。单击"控件"组的"设计模式"，使其再次处于选中状态，此时可以重新编辑修改。

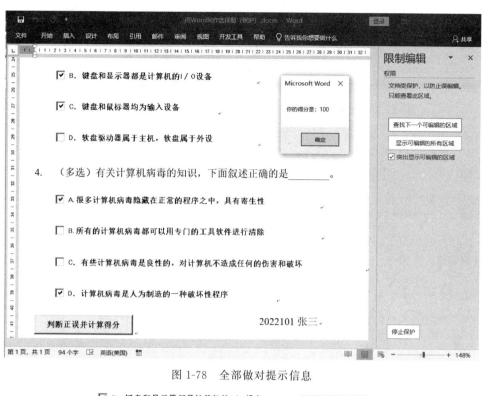

图 1-78　全部做对提示信息

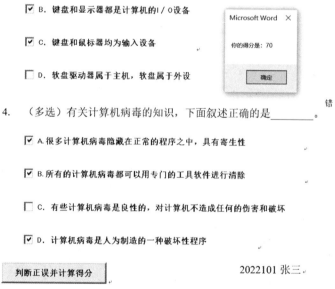

图 1-79　部分做对提示信息

（10）修改完成后，回到步骤（5）重新保护文档，再次调试，直到完全正确。

1.6　拓展操作题

1. 邮件合并：建立成绩信息文档"cj. xlsx"，如图 1-80 所示。要求使用邮件合并功能，建立成绩单范本文件 cj_t.docx，如图 1-81 所示。生成所有学生的成绩单 cj.docx。

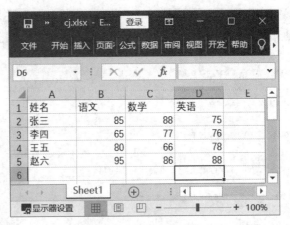

图 1-80 cj. xlsx

【提示】 成绩单 cj.docx 效果如图 1-82 所示。

张三同学	
语文	85
数学	88
英语	75

李四同学	
语文	65
数学	77
英语	76

王五同学	
语文	80
数学	66
英语	78

«姓名»同学	
语文	«语文»
数学	«数学»
英语	«英语»

赵六同学	
语文	95
数学	86
英语	88

图 1-81 cj_t. docx

图 1-82 cj. docx

2. 建立文档 city.docx,共由两页组成,要求如下。

(1) 第一页内容如下:

第一章 浙江

第一节 杭州和宁波

第二章 福建

第一节 福州和厦门

第三章 广东

第一节 广州和深圳

(2) 章和节的序号为自动编号(多级列表),分别使用样式"标题 1"和"标题 2"。

(3) 新建样式"福建",使其与样式"标题 1"在文字格式外观上完全一致,但不会自动添加到目录中,并应用于"第二章 福建"。

（4）在文档的第二页中自动生成目录(注意:不修改目录对话框的默认设置)。

（5）对"宁波"添加一条批注,内容为"海港城市";对"广州和深圳"添加一条修订,删除"和深圳"。

【提示】

（1）新建"福建"样式时,光标定位在"第二章　福建"行,样式基准为"标题1",样式格式中打开"段落"对话框后,将大纲级别设置为"正文文本"。

（2）添加修订时,将修订处于选中状态,然后删除"和深圳"。

（3）样式等效果如图1-83所示,目录效果如图1-84所示。

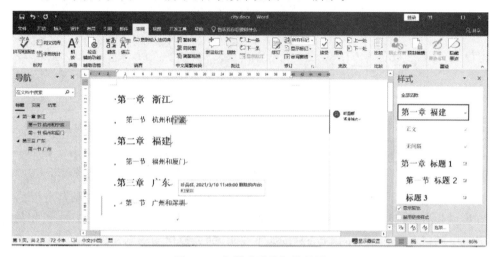

图 1-83　各样式及修订等效果

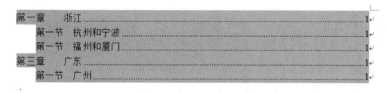

图 1-84　目录效果

3. 建立文档"考试信息.docx",共由三页组成,要求如下。

（1）第一页第一行内容为"语文",样式为"标题1";页面垂直对齐方式为"居中";页面方向为纵向、纸张大小为16开;页眉内容设置为90,居中显示;页脚内容设置为"优秀",居中显示。

（2）第二页第一行内容为"数学",样式为"标题2";页面垂直对齐方式为"顶端对齐";页面方向为横向、纸张大小为A4;页眉内容设置为65,居中显示;页脚内容设置为"及格",居中显示。对该页眉添加行号,起始编号为1。

（3）第三页第一行内容为"英语",样式为"正文";页面垂直对齐方式为"底端对齐";页面方向为纵向、纸张大小为B5;页眉内容设置为58,居中显示;页脚内容设置为"不及格",居中显示。

Word 高级应用

【提示】

（1）第一页输入"语文"后，马上插入"下一页"分节符；第二页输入"数学"后，马上插入"下一页"分节符。

（2）修改首页以外的页眉和页脚时，要选择"页眉和页脚工具设计"|"导航"组"链接到前一条页眉"项，使其处于未选中状态，此时页眉或页脚右边的"与上一节相同"字样消失，然后再修改内容。效果如图 1-85 所示。

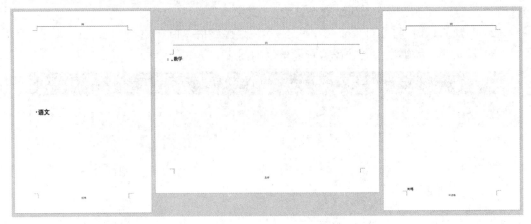

图 1-85　考试信息页面效果

4．某高校学生会计划举办一场"大学生网络创业交流会"的活动，拟邀请部分专家和老师给在校学生进行演讲。因此，校学生会外联部需制作一批邀请函，并分别递送给相关的专家和老师。请打开文档 WORD.docx，按如下要求，完成邀请函的制作。

（1）调整文档版面，要求页面高度 18cm、宽度 30cm，页边距（上、下）为 2cm，页边距（左、右）为 3cm。

（2）将图片"背景图片.jpg"设置为邀请函背景。调整邀请函中内容文字段落对齐方式。

（3）在"尊敬的"和"（老师）"文字之间，插入拟邀请的专家和老师姓名，拟邀请的专家和老师姓名在"通讯录.xlsx"文件中。每页邀请函中只能包含 1 位专家或老师的姓名，所有的邀请函页面请另外保存在一个名为"Word-邀请函.docx"文件中，效果如图 1-86 所示。

5．打开文档"黑客技术.docx"，按照下列要求完成操作。

（1）调整纸张大小为 B5，页边距的左边距为 2cm，右边距为 2cm，装订线为 1cm，对称页边距。

（2）将文档中第一行"黑客技术"设为 1 级标题，文档中黑体字的段落设为 2 级标题，斜体字段落设为 3 级标题。

（3）将正文内容设为四号字，每个段落设为 1.2 倍行距且首行缩进 2 字符。

（4）将正文第一段落的首字"很"下沉 2 行。

（5）在文档的开始位置插入只显示 2 级和 3 级标题的目录，并用分节方式令其独占一页。

（6）文档除目录页外均显示页码，正文开始为第 1 页，奇数页码显示在文档的底部靠右，偶数页码显示在文档的底部靠左。文档偶数页加入页眉，页眉中显示文档标题"黑客技

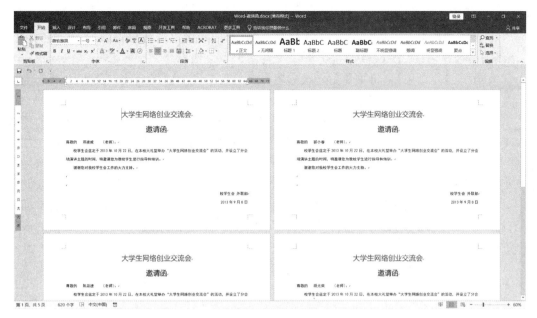

图 1-86　邀请函页面效果

术",奇数页页眉没有内容。

（7）将文档最后 5 行转换为 2 列 5 行的表格,倒数第 6 行的内容为"中英文对照",作为该表格的标题,将表格及标题居中。

（8）为文档应用一种合适的主题。效果如图 1-87 所示。

图 1-87　文档排版效果

6. 某出版社的编辑小刘手中有一篇有关财务软件应用的书稿"会计电算化节节高升.docx",打开该文档,按下列要求帮助小刘对书稿进行排版并按原文件名进行保存。

（1）按下列要求进行页面设置：纸张大小为 16 开,对称页边距,上边距为 2.5cm、下边距为2cm,内侧边距为2.5cm、外侧边距为2mc,装订线为1cm,页脚距边界为1.0cm。

（2）按下列要求对书稿应用样式、多级列表、并对样式格式进行相应修改；书稿中包含三个级别的标题,分别用"（一级标题）""（二级标题）""（三级标题）"字样标出。

（3）样式应用结束后,将书稿中各级标题文字后面括号中的提示文字及括号"（一级标题）""（一级标题）""（三级标题）"全部删除。

（4）书稿中有若干表格及图片,分别在表格上方和图片下方的说明文字左侧添加形如"表1-1""表2-1""图1-1""图2-1"的题注,其中连字符"－"前面的数字代表章号,后面的数字代表图表的序号,各章节图和表分别连续编号。添加完毕,将样式"题注"的格式修改为仿宋、小五号字、居中。

（5）在书稿中用红色标出的文字的适当位置,为前两个表格和前三幅图片设置自动引用其题注号。为第2张表格"表1-2 好朋友财务软件版本及功能简表"套用一个合适的表格样式、保证表格第1行在跨页时能够自动重复、表格上方的题注与表格总在一页上。

（6）在书稿的最前面插入目录,要求包含标题第1～3级及对应页号。目录、书稿的每一章均为独立的一节,每一节的页码均以奇数页为起始页码。

（7）目录与书稿的页码分别独立编排,目录页码使用大写罗马数字（Ⅰ,Ⅱ,Ⅲ,……）,书稿页码使用阿拉伯数字（1,2,3,……）且各章节间连续编码。除目录首页和每章首页不显示页码外,其余页面要求奇数页码显示在页脚右侧,偶数页页码显示在页脚左侧。

（8）将图片Tulips.jpg设置为书稿的水印,水印处于书稿页面的中间位置、图片增加"冲蚀"效果,如图1-88所示。

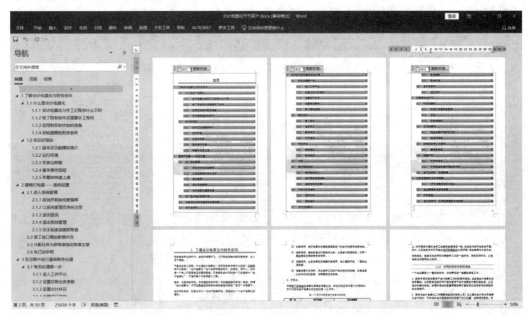

图1-88 书稿排版效果

7. 打开素材"圆明园"文档,按下面的操作进行操作,并将结果存盘。

（1）对正文进行排版。

① 章名使用样式"标题1",并居中；章号（例第一章）的自动编号格式为：多级列表,第X章（例第1章）,其中X为自动编号。注意：X为阿拉伯数字序号。

② 小节名使用样式"标题 2",左对齐；自动编号格式为：多级列表，X.Y。其中 X 为章数字序号，Y 为节数字序号(例：1.1)。注意：X 为阿拉伯数字序号。

③ 新建样式，样式名为"样式 12345"。其中字体：中文字体为"楷体"，西文字体为 Times New Roman，字号为"小四"；段落：首行缩进 2 字符，段前间距 0.5 行，段后间距 0.5 行，行距 1.5 倍；其余格式默认。

④ 对出现"1.""2."…处进行自动编号，编号格式不变。

⑤ 将③中样式应用到正文中无编号的文字。不包括章名、小节名、表文字、表和图的题注(表上面一行和图下面一行文字)。不包括④中设置自动编号的文字。

⑥ 对正文中的图添加题注"图"，位于图下方，居中。编号为"章序号-图在章中的序号"(例如第 1 章中第 2 幅图，题注编号为 1-2)；图的说明使用图下一行的文字，格式同编号；图居中。

⑦ 对正文中出现"如下图所示"的"下图"两字，使用交叉引用。改为"图 X-Y"，其中"X-Y"为图题注的编号。

⑧ 对正文中的表添加题注"表"，位于表上方，居中。编号为"章序号-表在章中的序号"(例如第 1 章中第 1 张表，题注编号为 1-1)；表的说明使用表上一行的文字，格式同编号；表居中。表内文字不要求居中。

⑨ 对正文中出现"如下表所示"的"下表"两字，使用交叉引用。改为"表 X-Y"，其中"X-Y"为表题注的编号。

⑩ 对正文中首次出现"圆明园"的地方插入脚注。添加文字"被誉为一切造园艺术的典范"和"万园之园"。

(2) 在正文前按序插入节，分节符类型为"下一页"，使用 Word 提供的功能，自动生成如下内容。

① 第 1 节：目录。其中："目录"使用样式"标题 1"，并居中；"目录"下为目录项。

② 第 2 节：图索引。其中："图索引"使用样式"标题 1"，并居中；"图索引"下为图索引项。

③ 第 3 节：表索引。其中："表索引"使用样式"标题 1"，并居中；"表索引"下为表索引项。

(3) 使用适合的分节符，对全文进行分节。添加页脚，使用域插入页码，居中显示。具体要求如下。

① 正文前的节，页码采用"i,ii,iii,…"格式，页码连续；

② 正文中的节，页码采用"1,2,3,…"格式，页码连续；

③ 正文中每章为单独一节，页码总是从奇数开始；

④ 更新目录、图索引和表索引。

(4) 添加正文的页眉。

使用域，按以下要求添加内容，居中显示。

① 对于奇数页，页眉中的文字为：章序号＋章名；(例如：第 1 章 ***)

② 对于偶数页，页眉中的文字为：节序号＋节名。(例如：1.1 ***)

【提示】

(1) 第 2 章、第 3 章、第 4 章处插入的是"奇数页"分节符。

（2）因为有奇偶页设置，页眉设置完成后，别忘了将奇数页的页脚复制到偶数页的页脚。排版后效果如图 1-89 所示。

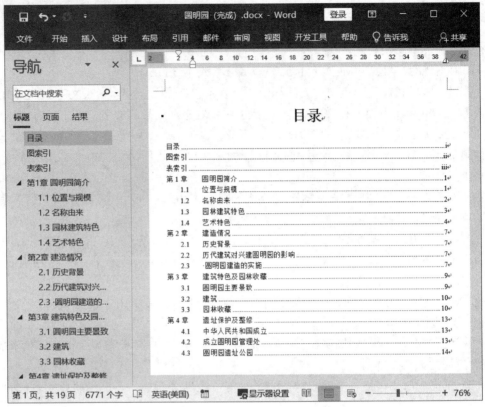

图 1-89　"圆明园"文档排版后的效果

第2章 Excel 高级应用

2.1 案例1 学生成绩统计

【要求】

已知"学生成绩统计.xlsx"原文件 Sheet1 内容如图 2-1 所示。

	学号	新学号	姓名	性别	语文	数学	英语	总分	平均	考评	排名	三科成绩是否均超过平均
1							学生成绩表					
3	001		吴兰兰	女	88	88	82					
4	002		许光明	男	100	98	100					
5	003		程坚强	男	89	87	87					
6	004		姜玲燕	女	77	76	80					
7	005		周兆平	男	98	89	89					
8	006		赵永敏	女	50	61	54					
9	007		黄永良	男	97	79	89					
10	008		梁泉涌	女	88	95	100					
11	009		任广明	男	98	86	92					
12	010		郝海平	男	78	68	84					
13	011		王　敏	女	85	96	74					
14	012		丁伟光	男	67	59	66					

条件区域1：语文 >=85，数学 >=85
条件区域2：英语 >=90，性别 女
条件区域3：性别 男

数学分数统计｜人数
<60
60～69
70～79
80～89
90～100

情况	计算结果
"语文"和"数学"成绩都大于或等于85的人数	
"英语"成绩大于或等于90的"女生"姓名	
"语文"成绩中男生的平均分	
"数学"成绩中男生的最高分	

Sheet1　Sheet2　Sheet3

图 2-1　"学生成绩统计.xlsx"原文件内容

本案例完成学生成绩统计(总分、平均分、排名、考评等),具体要求如下。

(1)使用 REPLACE 函数,将 Sheet1 中"学生成绩表"的学生学号进行更改,并将更改的学号填入到"新学号"列中,学号更改的方法为:在原学号的前面加上 2023。例如:"001"→"2023001"。

(2)使用数组公式,对 Sheet1 计算总分和平均分(保留 1 位小数点),将其计算结果保存到表中的"总分"列和"平均"列当中。

(3)使用 IF 函数,根据以下条件,对 Sheet1 中"学生成绩表"的"考评"列进行计算。条件:如果总分大于或等于 210 分,填充为"合格";否则,填充为"不合格"。

(4)使用逻辑函数判断 Sheet1 中每个同学的每门功课是否均高于平均分,如果是,保存结果为 TRUE,否则,保存结果为 FALSE,将结果保存在表的"三科成绩是否均超过平均"列当中。

(5) 使用 RANK 函数,对 Sheet1 中的每个同学总分排名情况进行统计,并将排名结果保存到表的"排名"列当中。

(6) 在 Sheet1 中,使用统计函数,统计"数学"考试成绩各个分数段的同学人数,将统计结果保存到相应位置。

(7) 在 Sheet1 中,利用数据库函数及已设置的条件区域,根据以下情况计算,并将结果填入到相应的单元格当中。

① 计算"语文"和"数学"成绩都大于或等于 85 分的学生人数;

② 获取"英语"成绩大于或等于 90 分的"女生"姓名;

③ 计算"语文"成绩中男生的平均分;

④ 计算"数学"成绩中男生的最高分。

(8) 将 Sheet1 中的"学生成绩表"复制到 Sheet2 中(将标题项"学生成绩表"连同数据一同复制,粘贴时,数据表必须顶格放置),并对 Sheet2 进行高级筛选。要求:

① 筛选条件 1 为:(条件区域请建立在 C16 开始的位置)

"性别"-男;"英语"->90 或者"三科成绩是否均超过平均"-TRUE;"性别"-女。

② 筛选条件 2 为:(条件区域请建立在 H16 开始的位置)

姓名中含有"光"字或者总分大于或等于 280 分。

③ 将筛选结果 1 保存在 Sheet2 中 A20 开始的位置;将筛选结果 2 保存在 Sheet2 中 A25 开始的位置。

(9) 根据 Sheet1 中的"学生成绩表",在 Sheet3 中新建一张数据透视图。要求:

① 显示不同性别、不同考评结果的学生人数情况;

② 行区域设置为"性别";

③ 列区域设置为"考评";

④ 数据区域设置为"考评";

⑤ 计数项为"考评"。

(10) Sheet1 中"学生成绩表"中第 1 条记录的姓名改为你的姓名;增加一个以学号姓名命名的工作表。

【知识点】

数组公式、高级筛选、文本函数 REPLACE、算术与统计函数(AVERAGE、COUNTIF、RANK)、逻辑函数(IF、AND)、数据库函数(DCOUNT、DGET、DAVERAGE、DMAX)、数据透视图

【操作步骤】

1. REPLACE 函数

(1) 打开"学生成绩统计.xlsx"原文件,将光标定位在 Sheet1 工作表"新学号"列 B3 单元格。选择"公式"|"插入函数"或者单击编辑栏的"插入函数"按钮 f_x,打开"插入函数"对话框,在"搜索函数"文本框中输入 replace,再单击"转到"按钮,"选择函数"列表框中会自动选中并列出该函数。如图 2-2 所示,单击"确定"按钮。

(2) 打开"函数参数"对话框,单击 Old_text 右边的文本框,再单击"学生成绩表"的 A3 单元格,A3 即显示在 Old_text 右边的文本框中;在 Start_num 文本框中输入"1",Num_chars

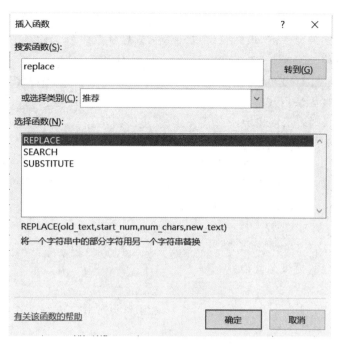

图 2-2　插入 REPLACE 函数

文本框中输入"0"（表示插入字符），New_text 文本框中输入"2023"，如图 2-3 所示，单击"确定"按钮。

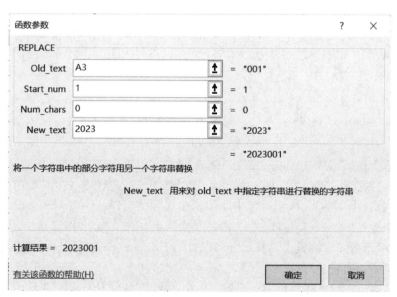

图 2-3　设置 REPLACE 函数参数

（3）此时 B3 单元格的内容变为 2023001，光标移动到该单元格右下角，拖动填充柄到 B14 或者双击 B3 填充柄完成 B 列数据填充。

2. 数组公式

（1）拖动选中 H3：H14 目标区域，在编辑栏中输入"＝"，拖动选中 E3：E14，在编辑栏中输入"＋"，拖动选中 F3：F14，在编辑栏中输入"＋"，拖动选中 G3：G14，这时编辑栏中显示

"＝E3：E14＋F3：F14＋G3：G14"，按 Ctrl＋Shift＋Enter 组合键（三个键的组合可以先按住前面两个，再按一次第三个键，最后全部放开），完成总分数组公式计算。此时单击 H 列有数据区域，编辑栏均显示"{＝E3：E14＋F3：F14＋G3：G14}"。

（2）将光标定位在总分列其中一个单元格数据，按 Delete 键（不要按 BackSpace 键）试着删除。如果弹出"无法更改部分数组"信息框表示数组公式创建正确，单击"确定"按钮返回；如果能够删除，则表示创建数组公式失败，要重新创建。

（3）拖动选中 I3：I14 目标区域，在编辑栏中输入"＝"，拖动选中 H3：H14，在编辑栏中修改公式成"＝round(H3：H14/3,1)"，按 Ctrl＋Shift＋Enter 组合键，完成平均分数组公式计算。此时单击 I 列有数据区域，编辑栏均显示"{＝ROUND(H3：H14/3,1)}"。

公式解释：round(数值,1)表示结果四舍五入，保留 1 位小数点。

3. IF 函数

（1）将光标定位在"考评"列 J3 单元格，编辑栏中输入"＝IF(H3＞＝210,"合格","不合格")"，按 Enter 键后，再填充其他单元格。

注意：

编辑栏公式使用到的等于、大于或等于、括号及双引号等均应为英文半角符号，这里等于号外面的双引号不要输入。

（2）将光标定位在 L3 单元格，编辑栏中输入"＝IF(AND(E3＞AVERAGE(＄E＄3：＄E＄14),F3＞AVERAGE(＄F＄3：＄F＄14),G3＞AVERAGE(＄G＄3：＄G＄14)),TRUE,FALSE)"，按 Enter 键后，再填充其他单元格。

公式解释：E3＞AVERAGE(＄E＄3：＄E＄14)中＄E＄3：＄E＄14 为绝对引用，表示该区域在以后的填充过程中不产生任何变化；而 E3 为相对引用，会随着填充变成 E4、E5……。函数 AND(表达式1,表达式2,表达式3)，只有三个表达式都为 TRUE，其结果才为 TRUE。TRUE,FALSE 不能加上双引号。

4. RANK 函数

（1）将光标定位在"排名"列 K3 单元格，单击编辑栏的"插入函数"按钮 _fx_，打开"插入函数"对话框，在"搜索函数"文本框中输入 rank，再单击"转到"按钮，"选择函数"列表框中会自动选中并列出该函数，单击"确定"按钮。

（2）弹出"函数参数"对话框，在 Number 文本框中输入"H3"，将光标放在 Ref 行文本框中，拖曳鼠标选中 H3：H14，而后选中文本框中显示的"H3：H14"，按 F4 键，使其变成绝对引用单元格地址"＄H＄3：＄H＄14"，如图 2-4 所示，单击"确定"按钮。

（3）K3 单元格编辑栏里自动显示"＝RANK(H3,＄H＄3：＄H＄14)"，当然如果运用函数熟练的话可以直接进行输入。再填充其他单元格。

（4）单元格格式如果有变化的话，请使用格式刷，恢复成有网格线和居中显示，此时学生成绩表数据如图 2-5 所示。

5. COUNTIF 函数

（1）将光标定位在"人数"列 L19 单元格，单击编辑栏的"插入函数"按钮 _fx_，打开"插入函数"对话框，在"搜索函数"文本框中输入 countif，再单击"转到"按钮，"选择函数"列表框中会自动选中并列出该函数，单击"确定"按钮。

（2）弹出"函数参数"对话框，在 Range 文本框中，拖动鼠标选中 F3：F14，在 Criteria 文

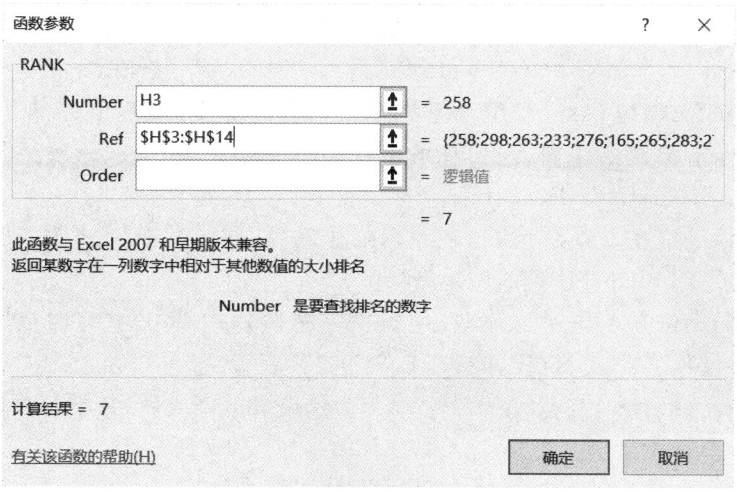

图 2-4　设置 RANK 函数参数

K3　=RANK(H3,$H$3:$H$14)

	A	B	C	D	E	F	G	H	I	J	K	L
1	学生成绩表											
2	学号	新学号	姓名	性别	语文	数学	英语	总分	平均	考评	排名	三科成绩是否均超过平均
3	001	2023001	吴兰兰	女	88	88	82	258	86	合格	7	FALSE
4	002	2023002	许光明	男	100	98	100	298	99.3	合格	1	TRUE
5	003	2023003	程坚强	男	89	87	87	263	87.7	合格	6	TRUE
6	004	2023004	姜玲燕	女	77	76	80	233	77.7	合格	9	FALSE
7	005	2023005	周兆平	男	98	89	89	276	92	合格	3	TRUE
8	006	2023006	赵永敏	女	50	61	54	165	55	不合格	12	FALSE
9	007	2023007	黄永良	男	97	79	89	265	88.3	合格	5	FALSE
10	008	2023008	梁泉涌	女	88	95	100	283	94.3	合格	2	TRUE
11	009	2023009	任广明	男	98	86	92	276	92	合格	3	TRUE
12	010	2023010	郝海平	男	78	68	84	230	76.7	合格	10	FALSE
13	011	2023011	王　敏	女	85	96	74	255	85	合格	8	FALSE
14	012	2023012	丁伟光	男	67	59	66	192	64	不合格	11	FALSE

图 2-5　学生成绩表效果

本框中输入“<60”，如图 2-6 所示，单击“确定”按钮。L19 单元格编辑栏里自动显示“=COUNTIF(F3:F14,"<60")”。选中编辑栏该公式，按 Ctrl+C 组合键复制该公式，再按 Esc 键退出。

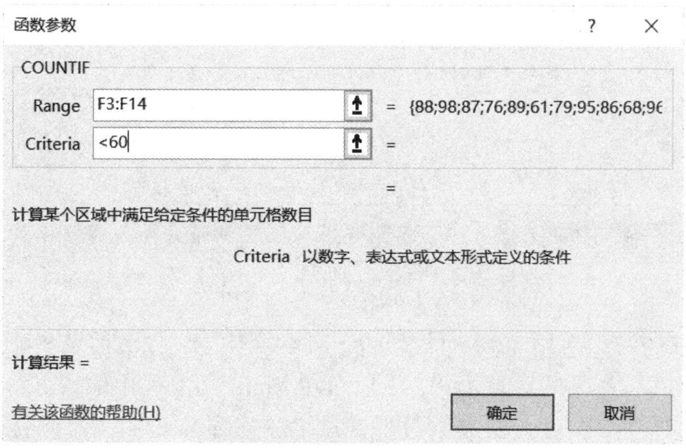

图 2-6　COUNTIF 函数

（3）将光标定位在 L20 单元格，在编辑栏中粘贴两次公式，将公式修改成"＝COUNTIF(F3:F14,"＜70")-COUNTIF(F3:F14,"＜60")"，按 Enter 键显示结果。再选中编辑栏中的该公式，按 Ctrl＋C 组合键复制该公式，再按 Esc 键退出。

（4）将光标定位在 L21 单元格，在编辑栏中粘贴公式，将公式修改成"＝COUNTIF(F3:F14,"＜80")-COUNTIF(F3:F14,"＜70")"。

（5）将光标定位在 L22 单元格，在编辑栏中粘贴公式，将公式修改成"＝COUNTIF(F3:F14,"＜90")-COUNTIF(F3:F14,"＜80")"。

（6）将光标定位在 L23 单元格，在编辑栏中粘贴公式，将公式修改成"＝COUNTIF(F3:F14,"＜＝100")-COUNTIF(F3:F14,"＜90")"。

数学分数统计	人数
＜60	1
60～69	2
70～79	2
80～89	4
90～100	3

图 2-7　数学各分数段人数统计结果

（7）公式编辑完成后，数学各分数段的学生人数统计结果如图 2-7 所示。

6. 数据库函数

（1）将光标定位在"计算结果"列 H22 单元格，单击编辑栏的"插入函数"按钮 f_x，打开"插入函数"对话框，在"或选择类别"下拉列表中选择"数据库"，"选择函数"列表框中会列出该类型所有函数，这里选择 DCOUNT，如图 2-8 所示，单击"确定"按钮。

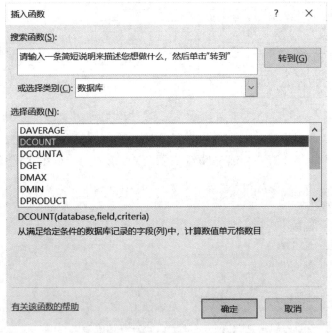

图 2-8　插入 DCOUNT 函数

（2）弹出"函数参数"对话框，在 Database 文本框中，拖动鼠标选中 E2:F14（比此数据区域大的区域均可以，最大的区域为 A2:L14），在 Field 文本框中输入 E2，也可以输入 F2、1（表示数据区域的第一个字段）、2（表示数据区域的第二个字段）。这里 E2 和 1 都是指语文字段，F2 和 2 指数学字段，语文和数学字段均是数值类型字段，都可以用来计数。

（3）在 Criteria 文本框中选择 B18:C19 条件区域，如图 2-9 所示，单击"确定"按钮。

H22 单元格编辑栏自动显示公式为"＝DCOUNT(E2:F14,E2,B18:C19)"。

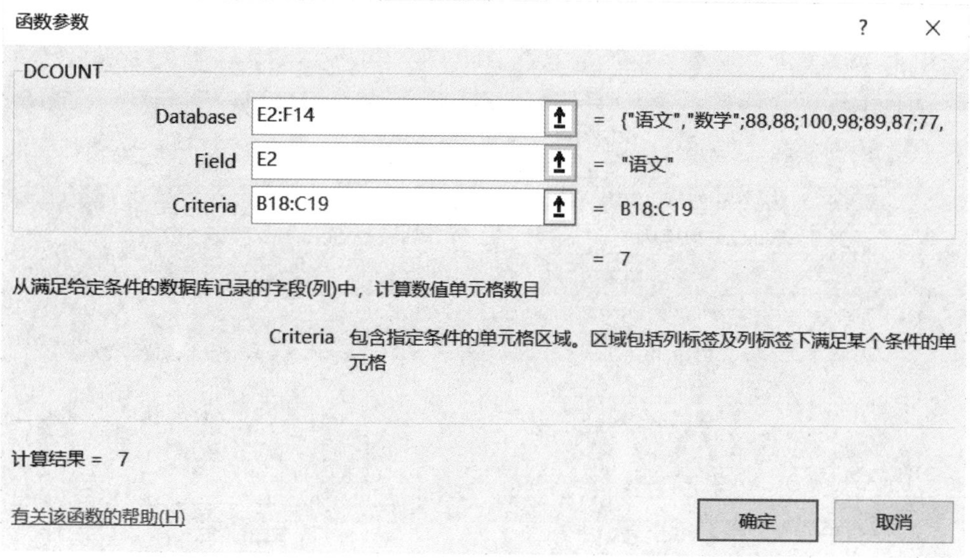

图 2-9　设置 DCOUNT 函数参数

（4）将光标定位在 H23 单元格,在"插入函数"对话框中,选择数据库函数 DGET,单击"确定"按钮,弹出"函数参数"对话框。在 Database 文本框中,拖动鼠标选中 C2:G14,在 Field 文本框中输入 1(表示数据区域的第一个字段,也可以输入 C2),在 Criteria 文本框中选择 E18:F19 条件区域,如图 2-10 所示,单击"确定"按钮。H23 单元格编辑栏自动显示公式为"＝DGET(C2:G14,C2,E18:F19)"。

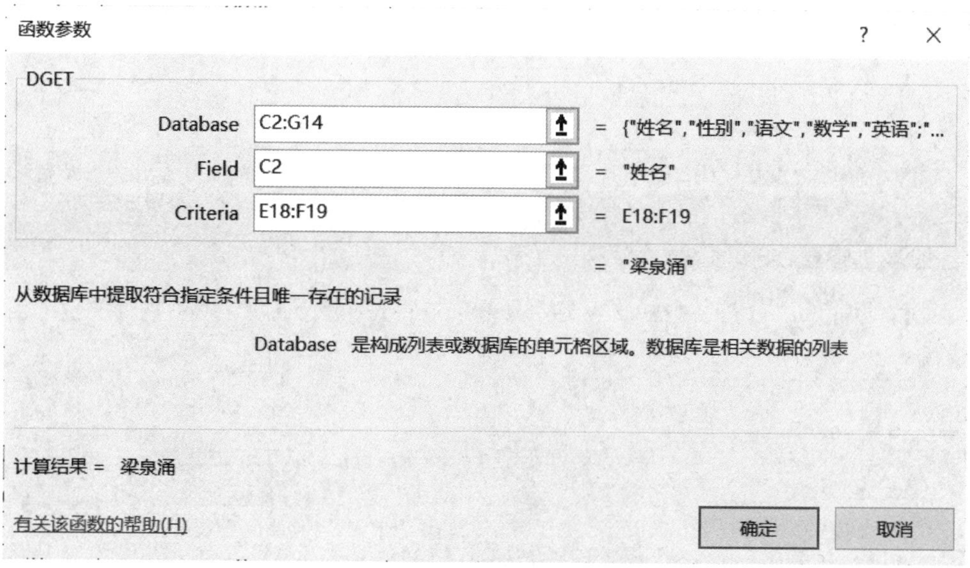

图 2-10　设置 DGET 函数参数

（5）将光标定位在 H24 单元格,在"插入函数"对话框中,选择数据库函数 DAVERAGE,单击"确定"按钮,弹出"函数参数"对话框。在 Database 文本框中,拖动鼠标选中 D2:E14,在 Field 文本框中输入"E2",在 Criteria 文本框中选择 H18:H19 条件区域,如图 2-11 所示,单击"确定"按钮。H24 单元格编辑栏自动显示公式为"＝DAVERAGE(D2：E14，E2，H18：H19)"。

图 2-11　设置 DAVERAGE 函数参数

（6）将光标定位在 H25 单元格，在"插入函数"对话框中，选择数据库函数 DMAX，单击"确定"按钮，弹出"函数参数"对话框。在 Database 文本框中，拖动鼠标选中 A2：L14，在 Field 文本框中输入 F2，在 Criteria 文本框中选择 H18：H19 条件区域，如图 2-12 所示，单击"确定"按钮。H25 单元格编辑栏自动显示公式为"＝DMAX(A2：L14，F2，H18：H19)"。

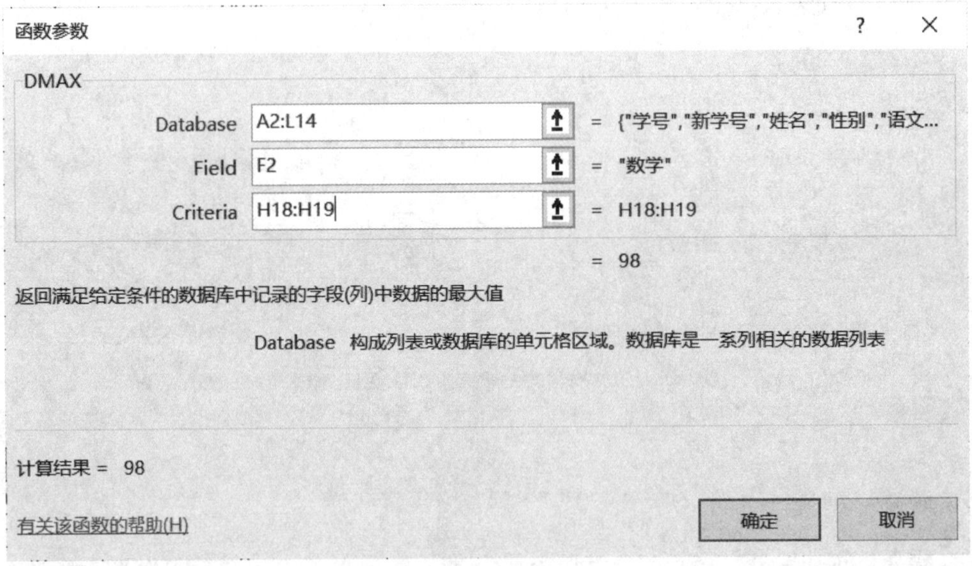

图 2-12　设置 DMAX 函数参数

（7）数据库函数运算完成之后，结果如图 2-13 所示。

7. 高级筛选

（1）在 Sheet1 中，选择 A1：L14，按 Ctrl＋C 组合键进行复制，单击 Sheet2 中 A1 单元格，按 Ctrl＋V 组合键进行粘贴。

17	条件区域1		条件区域2		条件区域3
18	语文	数学	英语	性别	性别
19	>=85	>=85	>=90	女	男
20					
21	情况				计算结果
22	"语文"和"数学"成绩都大于或等于85的人数				7
23	"英语"成绩大于或等于90的"女生"姓名				梁泉涌
24	"语文"成绩中男生的平均分				89.5714286
25	"数学"成绩中男生的最高分				98

图 2-13　数据库函数的运算结果

（2）在 Sheet2 中，将"性别""英语""三科成绩是否均超过平均"复制到 C16、D16、E16 单元格，其他如图 2-14 所示。性别中"男"和"女"也尽量从原文中复制过来。

条件区域解释：性别＝"男"和英语">90"在同一行表示要同时成立，否则只要满足一条件即可。性别＝"女"和三科成绩是否均超过平均＝TRUE 在同一行要同时成立。第一行和第二行的条件组合是"或者"的关系，只要成立一组即可。注意大于符号要用英文半角符号，标题行不能分行，必须在最上面。

（3）将光标放在 Sheet2 的 A2：L14 任意单元格中，选择"数据"选项卡"排序与筛选"组的"高级"选项，弹出"高级筛选"对话框。选中"将筛选结果复制到其他位置"单选按钮；"列表区域"文本框中应该会自动列出，不用输入；将光标定位在"条件区域"文本框，选择 C16：E18 区域；将光标定位在"复制到"文本框，单击 A20 单元格，此时"高级筛选"对话框设置如图 2-15 所示，单击"确定"按钮。

性别	英语	绩是否均超过平均
男	>90	
女		TRUE

图 2-14　条件区域建立

图 2-15　"高级筛选"对话框设置

（4）请自行完成另一个高级筛选。

筛选条件 2：姓名中含有"光"字或者总分大于或等于 280 分，将筛选结果 2 保存在 Sheet2 中 A25 开始的位置。

（5）完成高级筛选后，结果如图 2-16 所示。

8. 数据透视图

（1）将光标放在 Sheet1 的 A2：L14 任意单元格中，选择"插入"选项卡"图表"组的"数据透视图"，弹出"创建数据透视图"对话框。"表/区域"内容自动会显示，不需更改。在"选择放置数据透视图的位置"选择"现有工作表"，在"位置"右边文本框单击后再单击 Sheet3 工

		性别	英语	绩是否均超过平均		姓名	总分				
16		男	>90								
17		女		TRUE		*光*					
18							>=280				
19											
20	学号	新学号	姓名	性别	语文	数学	英语	总分	平均	考评	排名	绩是否均超过平均
21	002	2023002	许光明	男	100	98	100	298	99.3	合格	1	TRUE
22	008	2023008	梁泉涌	女	88	95	100	283	94.3	合格	2	TRUE
23	009	2023009	任广明	男	98	86	92	276	92	合格	3	TRUE
24											
25	学号	新学号	姓名	性别	语文	数学	英语	总分	平均	考评	排名	绩是否均超过平均
26	002	2023002	许光明	男	100	98	100	298	99.3	合格	1	TRUE
27	008	2023008	梁泉涌	女	88	95	100	283	94.3	合格	2	TRUE
28	012	2023012	丁伟光	男	67	59	66	192	64	不合格	11	FALSE

图 2-16　高级筛选完成后的结果

作表的 A1 单元格,如图 2-17 所示,单击"确定"按钮。

图 2-17　创建数据透视图

(2) 进入 Sheet3 工作表,在"数据透视图字段"窗格中,拖动"性别"字段到"轴(类别)",拖动"考评"字段到"图例(系列)"和"值"中,数据透视图则建立完毕,如图 2-18 所示。

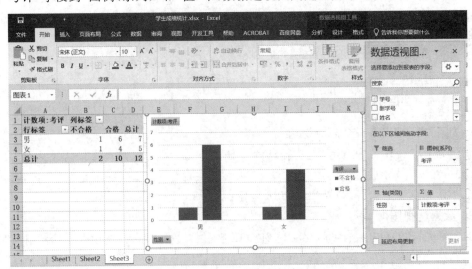

图 2-18　数据透视图完成效果

(3) 将 Sheet1 的“学生成绩表”中第 1 条记录的姓名改为自己的姓名；增加一个以学号和姓名命名的工作表。

2.2 案例 2 职工信息管理

【要求】

已有“职工信息管理.xlsx”原文件的“职工信息表”工作表内容如图 2-19 所示。

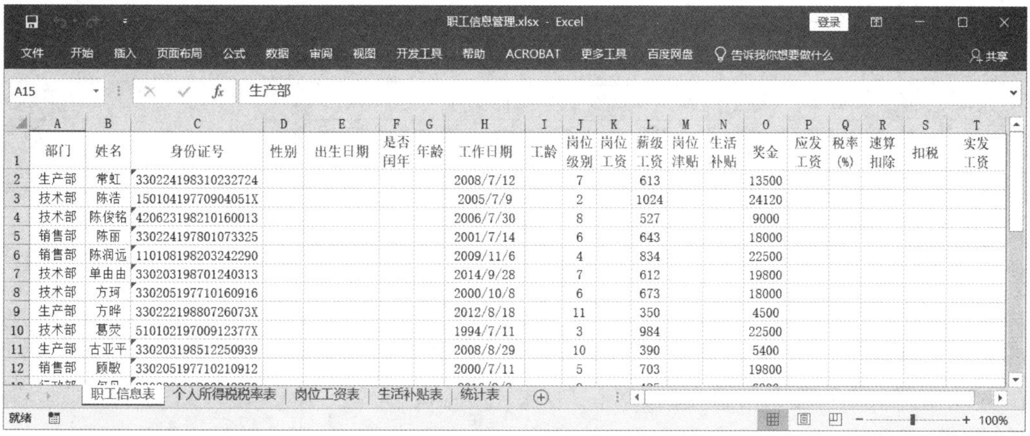

部门	姓名	身份证号	性别	出生日期	是否闰年	年龄	工作日期	工龄	岗位级别	岗位工资	薪级工资	岗位津贴	生活补贴	奖金	应发工资	税率(%)	速算扣除	扣税	实发工资
生产部	常虹	330224198310232724					2008/7/12		7		613			13500					
技术部	陈浩	15010419770904051X					2005/7/9		2		1024			24120					
技术部	陈俊铭	420623198210160013					2006/7/30		8		527			9000					
销售部	陈丽	330224197801073325					2001/7/14		6		643			18000					
销售部	陈润远	110108198203242290					2009/11/6		4		834			22500					
技术部	单由由	330203198701240313					2014/9/28		7		612			19800					
技术部	方珂	330205197710160916					2000/10/8		6		673			18000					
生产部	方晔	33022219880726073X					2012/8/18		11		350			4500					
技术部	葛荧	51010219700912377X					1994/7/11		3		984			22500					
生产部	古亚平	330203198512250939					2008/8/29		10		390			5400					
销售部	顾敏	330205197710210912					2000/7/11		5		703			19800					

图 2-19 “职工信息管理.xlsx”原文件内容

本案例完成职工信息(性别、出生日期、年龄、工龄、扣税、工资等)管理，具体要求如下。

(1) 将“职工信息表”工作表中第 1 条记录的姓名改为自己真实的姓名，并设置成红色。

(2) 已知 18 位身份证号码：第 7～10 位为出生年份(四位数)，第 11、12 位为出生月份，第 13、14 位为出生日期，第 17 位代表性别，奇数为男，偶数为女。请使用 MID、IF、MOD、DATE 函数，从身份证号码中提取性别信息，在“职工信息表”D 列“性别”填入“男”或“女”；提取出生日期信息，使用“年/月/日”格式填入“职工信息表”E 列“出生日期”。

(3) 判断出生日期是否为闰年，结果“是”或者“否”填入“职工信息表”F 列“是否闰年”。判断闰年的条件：能被 4 整除但不能被 100 整除，或者能被 400 整除的年份是闰年。

(4) 根据出生日期计算出“职工信息表”G 列“年龄”(年龄＝当前年份－出生年份)；根据工作日期计算出“职工信息表”I 列“工龄”(工龄＝当前年份－工作年份＋1)。

(5) 使用 VLOOKUP 函数，将“岗位工资表”工作表中的“岗位工资”和“岗位津贴”查找并填充到“职工信息表”对应的 K 列“岗位工资”和 M 列“岗位津贴”。

(6) 使用函数，将“生活补贴表”工作表中的“生活补贴”查找并填充到“职工信息表”对应的 N 列“生活补贴”。

(7) 使用数组公式，计算应发工资(应发工资＝岗位工资＋薪级工资＋岗位津贴＋生活补贴＋奖金等)，将计算结果保存到“职工信息表”P 列“应发工资”当中。

(8) 参照“生活补贴表”工作表，完善“个人所得税税率表”工作表，将“个人所得税税率表”工作表中的“税率”和“速算扣除数”查找并填充到“职工信息表”的“税率”和“速算扣除”列。

(9) “职工信息表”工作表所计算出的“应发工资”为工资、薪金所得，以每月收入额减除费用 5000 元后的余额为应纳税所得额。因此,应纳税所得额＝应发工资－5000 元。根据应发工资、税率和速算扣除数,计算并填充"扣税"列(扣税＝应纳税所得额×税率－速算扣除数)。

(10) 使用数组公式,计算实发工资(实发工资＝应发工资－扣税),将其计算结果保存到"职工信息表"T 列"实发工资"当中。

(11) 将"统计表"工作表填写完整:使用 COUNTIF 函数计算各部门人数;使用 AVERAGEIF 函数计算各部门平均工资;使用 SUMIF 函数计算各部门总工资。开始时统计表如图 2-20 所示。

部门	人数	平均工资	总工资
		统计表	
生产部			
行政部			
技术部			
销售部			

图 2-20　统计表原来信息

(12) 新建"分类汇总"工作表,将"职工信息表"内容复制过来。按照"部门"分类,统计各部门的人数、平均工资与总工资。

【知识点】

数组公式、分类汇总、函数(IF、MOD、MID、VLOOKUP、DATE 、COUNTIF、AVERAGEIF 、SUMIF)、函数嵌套组合

【操作步骤】

1. 性别、出生日期信息提取

(1) 打开"职工信息管理. xlsx"文件,将"职工信息表"工作表中第 1 条记录的姓名改为自己的姓名,并设置成红色。

(2) 定位到"职工信息表"工作表中,在"性别"列 D2 单元格中输入公式"＝IF(MOD (MID(C2,17,1),2)＝0,"女","男")"后,如图 2-21 所示,按回车键确认,然后双击 D2 单元格的填充柄来完成 D 列其他数据填充。

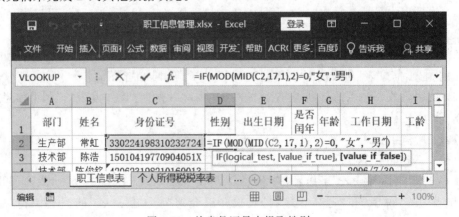

图 2-21　从身份证号中提取性别

公式解释：MID(C2,17,1)表示从第 17 个字符开始提取，提取 1 个字符出来；MOD(MID(C2,17,1),2)＝0 表示能被 2 整除；整个公式就表示身份证号码第 17 位如果能被 2 整除，说明性别就是"女"，否则为"男"。

（3）在"出生日期"列 E2 单元格中输入公式"＝DATE(MID(C2,7,4),MID(C2,11,2),MID(C2,13,2))"，按回车键确认，然后双击 E2 填充柄来完成填充 E 列其他数据。

公式解释：MID(C2,7,4)表示从第 7 个字符开始提取，提取 4 个字符出来，也就是年份；MID(C2,11,2)表示从第 11 个字符开始提取，提取 2 个字符出来，也就是月份；MID(C2,13,2)表示从第 13 个字符开始提取，提取 2 个字符出来，也就是日期；date()函数是将文本类型转换成日期类型输出。

2. 判断是否闰年，计算年龄、工龄

（1）在"是否闰年"列 F2 单元格中输入公式"＝IF(OR(MOD(YEAR(E2),400)＝0，AND(MOD(YEAR(E2),100)＜＞0，MOD(YEAR(E2),4)＝0))，"是"，"否")"。按回车键确认，然后填充 F 列其他数据。

公式解释：YEAR(E2)表示求年份；MOD(YEAR(E2),400)＝0 表示年份能被 400 整除；MOD(YEAR(E2),100)＜＞0 表示年份不能被 100 整除；AND(MOD(YEAR(E2),100)＜＞0，MOD(YEAR(E2),4)＝0)表示年份能被 4 整除但不能被 100 整除要同时成立。OR(MOD(YEAR(E2),400)＝0，AND(MOD(YEAR(E2),100)＜＞0，MOD(YEAR(E2),4)＝0))表示年份能被 4 整除但不能被 100 整除，或者能被 400 整除。

（2）在"年龄"列 G2 单元格中输入公式"＝YEAR(TODAY())－YEAR(E2)"，并填充 G 列其他数据。

（3）在"工龄"列 I2 单元格中输入公式"＝YEAR(TODAY())－YEAR(H2)＋1"，并填充 I 列其他数据。

3. VLOOKUP 函数计算岗位工资和岗位津贴

（1）观察"岗位工资表"和"生活补贴表"中内容，如图 2-22 所示。分析"生活补贴表"工作表，"工龄说明"与"工龄"的差别在于："工龄"就是"工龄说明"的下界。

岗位级别	岗位工资	岗位津贴
1	2800	4500
2	1900	3250
3	1630	2990
4	1420	2780
5	1180	2470
6	1040	2310
7	930	2160
8	780	1950
9	730	1820
10	680	1690
11	620	1530
12	590	1430
13	550	1300

工龄说明	工龄	生活补贴
0～5	0	1800
6～10	6	1850
11～15	11	1900
16～20	16	1950
21～25	21	2000
26～30	26	2050
31～35	31	2100
36～	36	2150

图 2-22　岗位工资表和生活补贴表

（2）返回"职工信息表"工作表，将光标定位在"岗位工资"列 K2 单元格中，单击编辑栏的"插入函数"按钮 f_x，打开"插入函数"对话框，在"搜索函数"文本框中输入 VLOOKUP，再单击"转到"按钮，"选择函数"列表框中会自动选中并列出该函数，单击"确定"按钮。

（3）弹出"函数参数"对话框，单击 Lookup_value 文本框，单击"职工信息表"中"岗位级别"列 J2 单元格。

（4）单击 Table_array 文本框，单击"岗位工资表"工作表，拖动鼠标选中岗位工资表中 A3：C15，选中生成的文字"岗位工资表！A3：C15"，按 F4 键，使其变成绝对引用"岗位工资表！＄A＄3：＄C＄15"。

（5）在 Col_index_num 文本框中输入 2，表示返回第 2 列数据。

（6）在 Range_lookup 文本框中输入 false，表示精确匹配数据，如图 2-23 所示，单击"确定"按钮。

（7）K2 单元格编辑栏里自动显示"＝VLOOKUP(J2,岗位工资表！＄A＄3：＄C＄15,2,FALSE)"。在编辑栏中按 Ctrl＋C 组合键复制该公式，按回车键确认后，再填充该列数据。

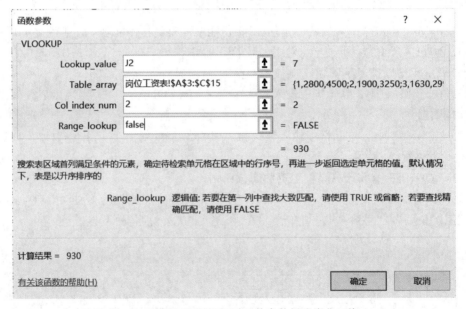

图 2-23　设置 VLOOKUP 函数参数提取岗位工资

（8）将光标定位在"岗位津贴"列 M2 单元格，在编辑栏中按 Ctrl＋V 组合键粘贴上一步复制的公式，将其修改成"＝VLOOKUP(J2,岗位工资表！＄A＄3：＄C＄15,3,FALSE)"。这里 3 表示返回岗位工资表第 3 列数据，按回车键确认后再填充数据。

4. VLOOKUP 函数计算生活补贴

（1）将光标定位在"生活补贴"列 N2 单元格中，单击编辑栏的"插入函数"按钮 f_x，打开"插入函数"对话框，"选择函数"列表框中选中函数 VLOOKUP，单击"确定"按钮。

（2）弹出"函数参数"对话框，单击 Lookup_value 文本框，单击"职工信息表"中"工龄"列 I2 单元格。

（3）单击 Table_array 文本框，单击"生活补贴表"工作表，拖动鼠标选中生活补贴表中

B3:C10,选中生成的文字"生活补贴表!B3:C10",按 F4 键,使其变成绝对引用格式"生活补贴表!＄B＄3:＄C＄10"。

（4）在 Col_index_num 文本框中输入 2。在 Range_lookup 文本框中输入 TRUE 或者不输入内容,表示模糊匹配数据,如图 2-24 所示,单击"确定"按钮。

（5）N2 单元格编辑栏里自动显示"＝VLOOKUP(I2,生活补贴表!＄B＄3:＄C＄10,2,TRUE)",填充该列其他数据。

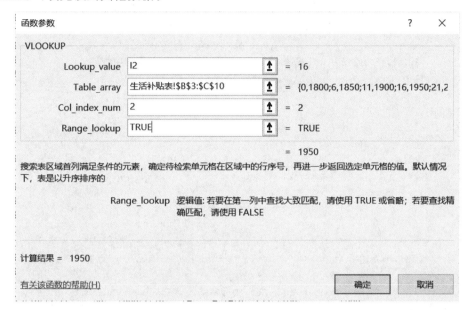

图 2-24　设置 VLOOKUP 函数参数提取生活补贴

5. 用数组公式计算应发工资

（1）拖动选中 P2:P30 目标区域,在编辑栏中输入"＝",拖动选中 K2:K30,在编辑栏中输入"＋",拖动选中 L2:L30,在编辑栏中输入"＋",拖动选中 M2:M30,在编辑栏中输入"＋",拖动选中 N2:N30,在编辑栏中输入"＋",拖动选中 O2:O30,这时编辑栏中显示"＝K2:K30＋L2:L30＋M2:M30＋N2:N30＋O2:O30"。

（2）按 Ctrl＋Shift＋Enter 组合键(将前面两个键先按下,然后按回车键,最后一起放开),一次性完成"应发工资"列数组公式计算,此时编辑栏显示"{＝K2:K30＋L2:L30＋M2:M30＋N2:N30＋O2:O30}"。

注意：

这里不需要再使用填充柄来填充 P 列数据,可以尝试删除其中一个 P 列单元格内容,应该不能被删除,表示创建的数组公式是正确的。

6. 计算个人所得税

（1）定位到"个人所得税税率表"工作表,将 C 列填写完整,和生活补贴表类似,"应纳税所得额"就是"应纳税所得额说明"的下界,如图 2-25 所示。

（2）返回"职工信息表"工作表,将光标定位在"税率"列 Q2,用 VLOOKUP 函数将"个人所得税税率表"工作表中的"税率"填充到"职工信息表"的"税率"列,具体参数设置如图 2-26 所示,要注意的是 Lookup_value 应该是应发工资 P2 减去 5000 元。

	A	B	C	D	E	F
1		个人所得税税率表				
2	级数	应纳税所得额说明	应纳税所得额	税率(%)	速算扣除数(元)	
3	1	0～3000	0	3	0	
4	2	3000.01～12000	3000.01	10	210	
5	3	12000.01～25000	12000.01	20	1410	
6	4	25000.01～35000	25000.01	25	2660	
7	5	35000.01～55000	35000.01	30	4410	
8	6	55000.01～80000	55000.01	35	7160	
9	7	80000.01～	80000.01	45	15160	
10	注:					
11	一、工资、薪金所得，以每月收入额减除费用5000后的余额，为应纳税所得额					
12	二、应纳个人所得税税额=应纳税所得额×适用税率-速算扣除数					

图 2-25　个人所得税税率表

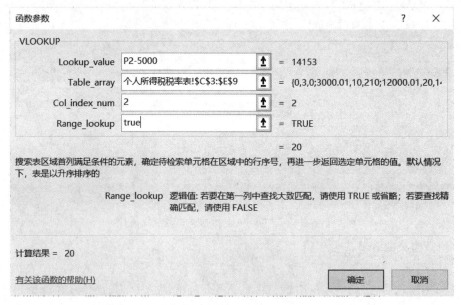

图 2-26　设置 VLOOKUP 函数参数提取个人所得税税率

（3）"税率"列 Q2 公式为"＝VLOOKUP(P2－5000,个人所得税税率表!＄C＄3：＄E＄9,2,TRUE)"。将上述公式复制到"速算扣除"列 R2 单元格,然后修改公式为"＝VLOOKUP(P2－5000,个人所得税税率表!＄C＄3：＄E＄9,3,TRUE)",填充该列数据。

（4）在"扣税"列 S2 单元格中输入公式"＝(P2－5000)＊Q2/100－R2"。

（5）"实发工资"列 T 单元格用数组公式计算：实发工资＝应发工资－扣税。编辑栏中显示公式为"{＝P2:P30－S2:S30}"。

（6）到目前为止,"职工信息表"工作表数据已经填写完整,笔者在 2023 年计算结果如图 2-27 所示,随着年份增长,工龄和年龄都会增长,数据结果应有变化。

7. 统计函数

（1）切换到"统计表"工作表中,光标定位在 B3 单元格,插入函数选择 COUNTIF,打开"函数参数"对话框,在 Range 文本框中选择"职工信息表"中的 A1：A30,按 F4 键设置 A1：A30 区域为绝对引用,在 Criteria 文本框中选择"统计表"工作表的 A3,如图 2-28 所示,单击"确定"按钮。B3 单元格公式为"＝COUNTIF(职工信息表!＄A＄1：＄A＄30,A3)"。填充该

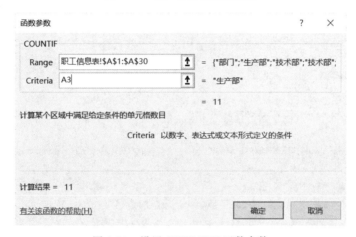

图 2-27 职工信息表完整数据

图 2-28 设置 COUNTIF 函数参数

列其他数据。

(2) 在"统计表"工作表中,将光标定位在 C3 单元格,插入函数选择 AVERAGEIF,打开"函数参数"对话框,在 Range 文本框中选择"职工信息表"中的 A2:A30,在 Criteria 文本框中选择 A3,在 Average_range 文本框中选择"职工信息表"中的 T2:T30,按 F4 键设置 A2:A30 和 T2:T30 区域为绝对引用,如图 2-29 所示,单击"确定"按钮。C3 单元格公式为"＝AVERAGEIF(职工信息表!＄A＄2：＄A＄30,A3,职工信息表!＄T＄2：＄T＄30)"。填充该列其他数据。

(3) 在"统计表"工作表中,将光标定位在 D3 单元格,插入函数选择 SUMIF,打开"函数参数"对话框,在 Range 文本框中选择"职工信息表"中的 A2:A30,在 Criteria 文本框中选择 A3,在 Sum_range 文本框中选择"职工信息表"中的 T2:T30,按 F4 键设置 A2:A30 和 T2:T30 区域为绝对引用,如图 2-30 所示,单击"确定"按钮。C3 单元格公式为"＝SUMIF(职工信息表!＄A＄2：＄A＄30,A3,职工信息表!＄T＄2：＄T＄30)"。填充该列其他数据。

(4) 此时"统计表"工作表已完成计算,结果如图 2-31 所示。

8. 分类汇总

(1) 新建"分类汇总"工作表,选中"职工信息表"所有数据,按 Ctrl＋C 组合键复制,右击"分类汇总"工作表中 A1 单元格,在弹出的快捷菜单的粘贴选项中选择"值" ,主要是因为原来表使用了数组公式,不利于排序,所以只把数值复制过来,不包含公式。

图 2-29　设置 AVERAGEIF 函数参数

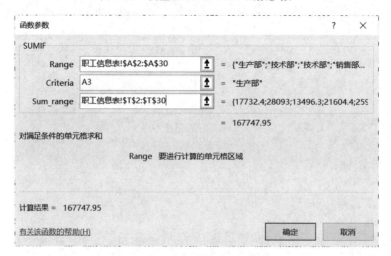

图 2-30　设置 SUMIF 函数参数

	A	B	C	D
1	统计表			
2	部门	人数	平均工资	总工资
3	生产部	11	15249.81364	167747.95
4	行政部	3	15266.2	45798.6
5	技术部	10	20903	209030
6	销售部	5	23877.04	119385.2

图 2-31　统计结果

（2）选中"分类汇总"工作表全部数据,选择"开始"选项卡,单击"单元格"组的"格式"|"自动调整列宽";并将数据水平居中。

（3）在"分类汇总"工作表中,拖动鼠标选中 E~I 整列,右击,在弹出的快捷菜单中选择"隐藏",将这几列隐藏起来。

（4）将光标放在"部门"列有数据位置,选择"数据"选项卡,单击"排序和筛选"组的升序按钮 ↓↑ ,将数据按"部门"排序。

（5）将光标放在数据区域,选择"数据"选项卡,单击"分级显示"组的"分类汇总",弹出"分类汇总"对话框,"分类字段"选择"部门","汇总方式"选择"计数","选定汇总项"只选中"姓名",其他不选中,如图 2-32 所示,单击"确定"按钮。一个简单的计数分类汇总完成了。

（6）继续选择"分类汇总",弹出"分类汇总"对话框,"分类字段"选择"部门","汇总方式"选择"平均值","选定汇总项"只选中"实发工资",其他不选;单击取消选中"替换当前分类汇总"复选框,如图 2-33 所示,单击"确定"按钮。此时计数和求平均值分类汇总复合在一起显示出来。

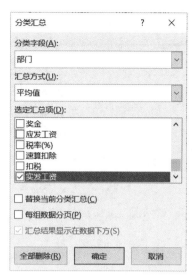

图 2-32　分类汇总各部门人数　　　　　　图 2-33　分类汇总各部门平均实发工资

　　(7) 继续选择"分类汇总",弹出"分类汇总"对话框,"分类字段"选择"部门","汇总方式"选择"求和","选定汇总项"只选"实发工资",取消选中"替换当前分类汇总"复选框,单击"确定"按钮。一个复杂的分类汇总完成了,如图 2-34 所示。

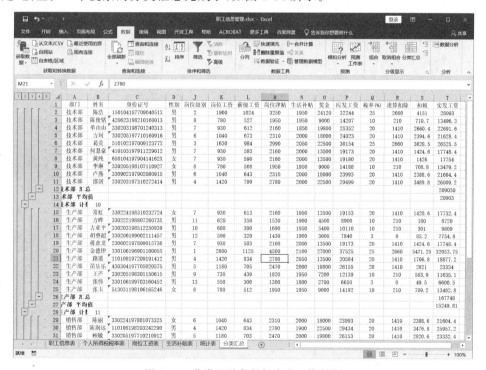

图 2-34　分类汇总各部门实发工资总额

　　(8) 在"分类汇总"工作表中,分别单击左边第 4 列的所有 ➖ 按钮,使其都变成 ➕,或者

第 2 章

Excel 高级应用

直接单击分类汇总左上方 ④，就把数据折叠起来了。

（9）选中 C～S 整列，隐藏这几列，将 A 列拉宽，如图 2-35 所示，与统计表数据进行比较、核对一下，各部门的平均工资和总工资应该一致。

	A	B	T
1	部门	姓名	实发工资
12	技术部 汇总		209030
13	技术部 平均值		20903
14	技术部 计数	10	
26	生产部 汇总		167748
27	生产部 平均值		15249.81
28	生产部 计数	11	
34	销售部 汇总		119385.2
35	销售部 平均值		23877.04
36	销售部 计数	5	
40	行政部 汇总		45798.6
41	行政部 平均值		15266.2
42	行政部 计数	3	
43	总计		541961.8
44	总计平均值		18688.34
45	总计数	29	

图 2-35 分类汇总折叠后

2.3 案例 3 个人理财管理

【要求】

已知"个人理财.xlsx"原文件 Sheet1 工作表内容如图 2-36 所示。某公司白领，今年 45 岁，家有银行存款 88 万元，持有基金 10 万元，股票 5 万元，住房公积金 15 万元，今年净收入 25 万元，养老金账户 18 万元，还有一套价值 110 万元的房子。因家里孩子长大，房子不够大，打算买一套新房子，房价 200 万，首付一半，其余分别使用公积金贷款和商业按揭贷款。

本案例完成个人理财（资产投资、旧房出售、购房贷款等）管理，具体要求如下。

（1）公积金贷款 50 万元，利率为 5％；商业按揭贷款 50 万元，利率为 6.55％。贷款 15 年，分别求两种贷款的月供，同时判断该月供是否合理（月供小于月净收入的 40％为合理），若合理则在相应位置填 TRUE，否则填写 FALSE。

（2）计算两年后房子交付时，剩余的贷款总余额。

（3）现年 45 岁，拟在 60 岁退休，已有养老金 18 万元，今后每年继续交 7880 元，养老金投资报酬为 8％，计算退休时养老金资产。

（4）两年后新房交付，旧房可以卖出。旧房现价 110 万，旧房房价年增长率为 7％，折旧率为每年 2％，即年折旧价为房价的 2％。要求计算两年后的旧房售价。

（5）计算出将旧房卖房款还完新房贷款余额后的房产投资收益，并将总收益数据保留到百位。

（6）增加一个以学号和姓名命名的工作表。

【知识点】

财务函数（PMT、PV、FV）、ROUND 函数

图 2-36　"个人理财.xlsx"原文件内容

【操作步骤】

1. 房贷月供计算

（1）打开"个人理财.xlsx"文件，光标定位在 Sheet1 工作表 B10，计算首付款为新房价格的 50%。

（2）光标定位在 B18，计算公积金贷款的房贷月供。选择"公式"选项卡|"函数库"组的"财务"|PMT，弹出"函数参数"对话框，如图 2-37 所示设置参数。其中 Rate 为公积金贷款年利率 5%（B15）除以 12；总期数 Nper 为 15（B16）年再乘以 12，转换成总月数；Pv 为贷款金额共 500000（B17），其他参数省略。

（3）单击"确定"按钮后，B18 编辑栏中显示"＝PMT(B15/12,B16＊12,B17)"。

（4）商业按揭贷款的房贷月供的计算方式与公积金贷款相同，因此，只要将 B18 公式填充到 C18 即可。贷款月供结果如图 2-38 所示，负数表示付出金额。

（5）判断月供是否合理要使用 IF 函数，如果月供小于月净收入的 40% 条件成立，显示 TRUE，否则显示 FALSE。B19 单元格输入公式"＝IF(ABS(B18＋C18)＜40%＊B6/12, TRUE,FALSE)"，结果为 TRUE。

2. 两年后贷款总余额计算

（1）将光标定位在 B20，计算两年后房子交付时，剩余的公积金贷款余额。选择"公式"|"财务"|PV，弹出"函数参数"对话框，设置参数：Rate 为公积金贷款年利率 5%（B15）除以

74

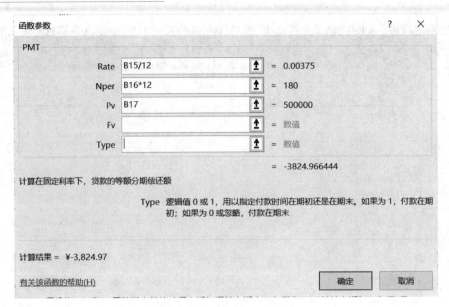

图 2-37　设置 PMT 函数参数

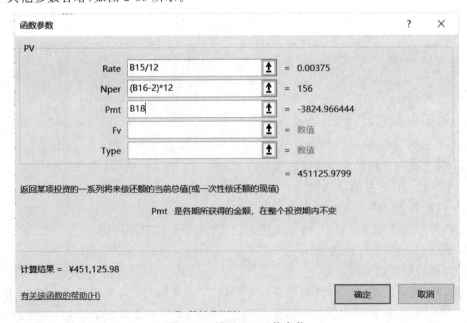

图 2-38　贷款月供结果

12；余下期数 Nper 为 15－2(B16－2)年再乘以 12,转换成余下月数；Pmt 为每月月供,为 B18；其他参数省略,如图 2-39 所示。

图 2-39　设置 PV 函数参数

（2）单击"确定"按钮后，B20 编辑栏中显示"＝PV(B15/12,(B16－2)＊12,B18)"。

（3）剩余的商业按揭贷款余额的计算方式与公积金贷款相同，因此，只要将 B20 公式填充到 C20 即可，如图 2-40 所示。

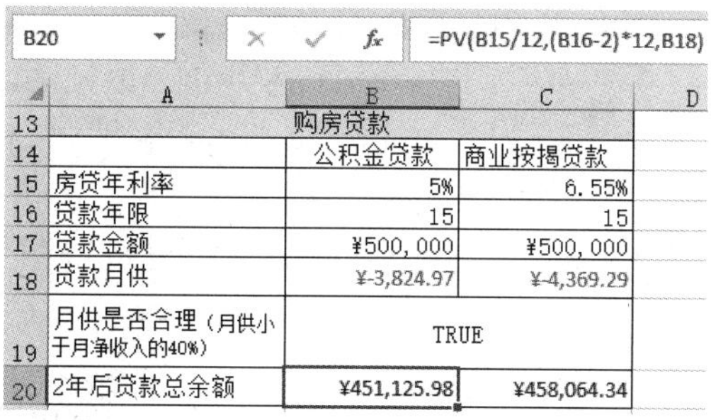

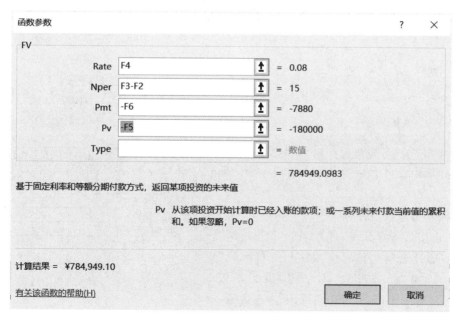

图 2-40　购房贷款计算结果

（4）计算"2 年后贷款总余额"F17 单元格，公式为"＝B20＋C20"，得到两年后贷款总余额。

3. 退休时养老金资产计算

（1）选中 F7 单元格，计算退休时养老金资产。选择"公式"|"财务"|FV，弹出"函数参数"对话框，设置参数：Rate 为养老金投资年利率 8％(F4)；Nper 为离退休年数 60－45(F3－F2)；Pmt 为今后每年养老金的投资额，即养老金储蓄，该投资是现金流出，为负值，所以要将它取反，Pmt 为－F6；Pv 为已经投资的金额，即已准备养老金，也为负值；其他参数省略，如图 2-41 所示。

图 2-41　设置 FV 函数参数计算养老金

（2）单击"确定"按钮后，F7 编辑栏中显示"＝FV(F4,F3－F2,－F6,－F5)"，结果如图 2-42 所示。

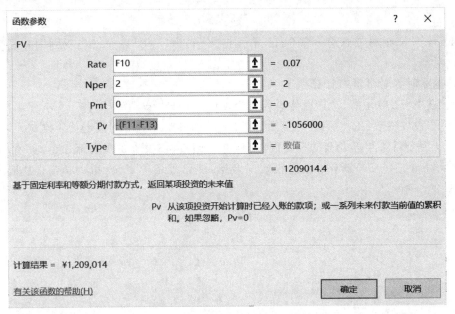

	E	F
1	养老金投资	
2	年龄	45
3	预计退休年龄	60
4	养老金投资年利率	8%
5	已准备养老金	¥180,000
6	养老金年储蓄	¥7,880
7	退休时养老金资产	¥784,949.10

图 2-42　养老金投资计算结果

4. 两年后旧房的售价计算

（1）选中 F13 单元格，计算旧房折旧值，使用如下公式：房价×折旧率×年限。即公式为"＝F11＊F12＊2"。

（2）选中 F14 单元格，计算"2 年后旧房售价"。选择"公式"|"财务"|FV，弹出"函数参数"对话框，设置参数：Rate 为房子年增长率 7％；Nper 为年数 2；Pmt 为今后投资额 0；Pv 为已经投资的金额，即"－（F11－F13）"，也为负值；其他参数省略，如图 2-43 所示。

图 2-43　设置 FV 函数计算旧房售价

（3）单击"确定"按钮后，F14 编辑栏中显示"＝FV(F10,2,0,－(F11－F13))"，结果如图 2-44 所示。

5. 两年后总收益计算

（1）选中 F18 单元格，计算"旧房卖出还清贷款余额"，选择菜单"公式"|"数学和三角函数"|ROUND，弹出"函数参数"对话框，设置参数：Number 为 F14－F17；Num_digits 为四舍五入采用的位数－2，表示四舍五入到百位，如图 2-45 所示。

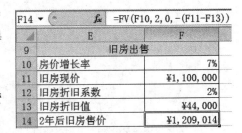

	E	F
9	旧房出售	
10	房价增长率	7%
11	旧房现价	¥1,100,000
12	旧房折旧系数	2%
13	旧房折旧值	¥44,000
14	2年后旧房售价	¥1,209,014

图 2-44　旧房出售信息

（2）单击"确定"按钮后，编辑栏中显示"＝ROUND(F14－F17,－2)"，结果如图 2-46 所示。

（3）个人理财案例全部完成，结果如图 2-47 所示。

76

图 2-45　设置 ROUND 函数参数

F18	▼	× ✓ fx	=ROUND(F14-F17,-2)

	D	E	F
15			
16		2年后总收益	
17		2年后贷款总余额	¥909,190.32
18		旧房卖出还清贷款余额	¥299,800.00

图 2-46　旧房卖出还清贷款余额计算

个人理财.xlsx - Excel

文件　开始　插入　页面布局　公式　数据　审阅　视图　开发工具　帮助　ACROBAT　百度网盘　告诉我　共享

F20		× ✓ fx					

	A	B	C	D	E	F
1	资产				养老金投资	
2	银行定期存款	¥880,000			年龄	45
3	基金	¥100,000			预计退休年龄	60
4	股票	¥50,000			养老金投资年利率	8%
5	住房公积金	¥150,000			已准备养老金	¥180,000
6	年净收入	¥250,000			养老金年储蓄	¥7,880
7					退休时养老金资产	¥784,949.10
8	购房					
9	新房价格	¥2,000,000			旧房出售	
10	首付款（房价50%）	¥1,000,000			房价增长率	7%
11	几年后交房	2			旧房现价	¥1,100,000
12					旧房折旧系数	2%
13	购房贷款				旧房折旧值	44000
14		公积金贷款	商业按揭贷款		2年后旧房售价	¥1,209,014.40
15	房贷年利率	5%	6.55%			
16	贷款年限	15	15		2年后总收益	
17	贷款金额	¥500,000	¥500,000		2年后贷款总余额	¥909,190.32
18	贷款月供	¥-3,824.97	¥-4,369.29		旧房卖出还清贷款余额	¥299,800.00
19	月供是否合理（月供小于月净收入的40%）	TRUE				
20	2年后贷款总余额	¥451,125.98	¥458,064.34			

Sheet1　Sheet2　Sheet3

就绪

图 2-47　个人理财案例计算结果

2.4 案例4 手机市场调查问卷

【要求】

市场调查问卷在企业的生产和销售中均具有重要的作用,通过这种方式可以了解市场需求状况、消费者心态和产品销售状况等。

已知原有"手机市场调查问卷.xlsx"文件,其中"市场调查问卷"工作表如图 2-48 所示;"数据源"工作表如图 2-49 所示;"统计表"工作表如图 2-50 所示。

图 2-48 市场调查问卷

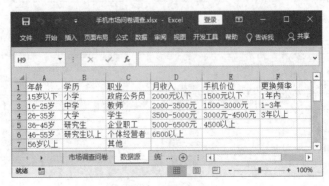

图 2-49 数据源

图 2-50　统计表

本案例要求运用 Excel 的 VBA 高级功能，制作电子版的手机市场调查问卷，使得被调查用户可以在网上填写问卷，同时会自动地将问卷结果统计成数据清单，从而大大提高了调查问卷统计的效率。

【知识点】

Excel 启用宏的工作簿、表单控件、分组框（窗体控件）、选项按钮（窗体控件）、复选框（窗体控件）、组合框（窗体控件）、按钮（窗体控件）、保护工作表、Excel VBA

【操作步骤】

1. 准备工作

（1）打开"手机市场调查问卷.xlsx"工作簿文件，选择"文件"|"选项"，弹出"Excel 选项"窗口，选择左边选项"信任中心"，再单击"信任中心设置"按钮，弹出"信任中心"对话框，选择左边选项"宏设置"，再单击选中"启用所有宏（不推荐；可能会运行有潜在危险的代码）"单选按钮，并单击选中"信任对 VBA 工程对象模型的访问"复选框。

（2）在"Excel 选项"窗口中，选择左边选项"自定义功能区"，在右上角"自定义功能区"下拉框中选择"主选项卡"，选中"开发工具"选项。假如没有该选项，要从左边列表框中添加。单击"确定"按钮后，Excel 应用程序主菜单会增加"开发工具"选项。

（3）将工作簿文件另存为"手机市场调查问卷.xlsm"，保存类型要选择"Excel 启用宏的工作簿（＊.xlsm）"。

2. 使用分组框和选项按钮

（1）在"市场调查问卷"工作表中，单击"开发工具"选项卡"控件"组的"插入"，弹出"表单控件"工具栏，在此工具栏中包含有多个控件供用户使用，如图 2-51 所示。

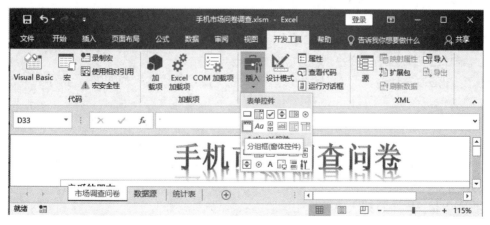

图 2-51　表单控件工具栏

Excel 高级应用

（2）添加表单控件分组框。单击"表单控件"工具栏中的"分组框（窗体控件）"按钮，此时光标变为"＋"形状。按住鼠标左键不放将其拖动至合适的位置（"您的性别"右边）释放，即可在工作表中添加一个分组框。默认情况下分组框左上角的文本文字为"分组框1"，单击，将其重命名为"性别"，并适当地调整其大小位置（先尽量大些，等插入男和女选项按钮后再缩小些）。

（3）添加表单控件选项按钮。单击"表单控件"工具栏中的"选项按钮（窗体控件）"按钮，按住鼠标左键不放，在"性别"分组框内拖动添加一个选项按钮。将其命名为"男"，并适当地调整其大小位置。右击选中该选项按钮，按 Ctrl 键并拖动鼠标，复制一个选项按钮，命名为"女"，并适当地调整其大小位置。注意，两选项按钮不要超出性别分组框的框线范围。

图 2-52　设置分组框和选项按钮

（4）选项按钮添加完毕，单击工作表的其他位置可退出其编辑状态，单击选项按钮可以将其选中，如图 2-52 所示，表示"男"为选中状态（注意只能选中一个选项按钮）。要想使选项按钮再次进入编辑状态，右击对象，即可进入编辑状态。

3．使用组合框

为了方便用户输入"年龄、学历、职业、月收入、手机价位、更换频率"等项目，这里使用组合框将其各个选项罗列出来供用户选择。这里要使用"数据源"工作表。

（1）"市场调查问卷"工作表中，选择"开发工具"|"插入"|"表单控件"工具栏中的"组合框（窗体控件）"。

（2）此时光标变为"＋"形状。按住鼠标左键不放将其拖动至合适的位置（如"年龄"右边）释放，即可在工作表中添加一个组合框，并适当地调整其大小位置，右击该组合框，如图 2-53 所示。

（3）在弹出的快捷菜单中选择"设置控件格式"菜单，打开"设置控件格式"对话框，切换到"控制"选项卡中。如果没有看到"控制"选项卡，说明之前插入的控件不是表单窗体控件。

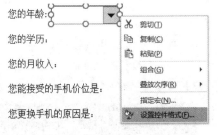

图 2-53　设置组合框

（4）将鼠标定位在"数据源区域"右边的文本框中，单击其后的"折叠"按钮，此时该对话框即被折叠起来。拖动选中"数据源"工作表中的 A2:A7 区域，这样由鼠标选中的区域就会出现在文本框中。单击"折叠"按钮还原对话框。此时对话框名称变为"设置对象格式"，如图 2-54 所示。单击"确定"按钮返回工作表。

（5）按照相同的方法再添加 5 个组合框，分别为"您的学历""您的职业""您的月收入""您能接受的手机价位是""您更换手机的频率是"，并为其链接数据源工作表中相应的单元格区域，然后适当调整各个项目的位置，也可以通过复制后修改数据源完成，如图 2-55 所示。

（6）单击工作表任意其他区域，取消组合框的选中状态，然后单击此组合框的下拉按钮，可根据实际情况在下拉列表中选择相应的选项，如图 2-56 所示。

4．使用复选框

（1）在"市场调查问卷"工作表中，选择"开发工具"|"插入"|"表单控件"工具栏中的"复

图 2-54 添加组合框

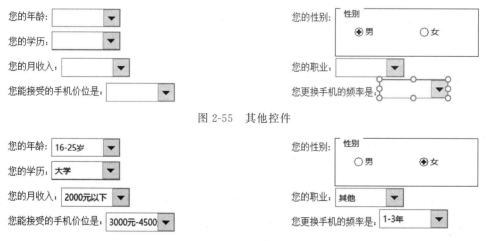

图 2-55 其他控件

图 2-56 组合框中填入信息

选框(窗体控件)" 。

(2) 此时光标变为"+"形状。按住鼠标左键不放将其拖动至合适的位置(如"您更换手机的原因是:"下方)释放,即可在工作表中添加一个复选框,并适当地调整其大小、位置。复选框默认名为"复选框 1",将其更名为"质量等出现问题",并适当调整其大小。

(3) 复制该复选框,再更名。如此反复操作,插入如图 2-57 所示复选框及其他。其中"您选择手机时最看重的是:"下方插入的控件是选项按钮,一组选项按钮只能选中一个。

Excel 高级应用

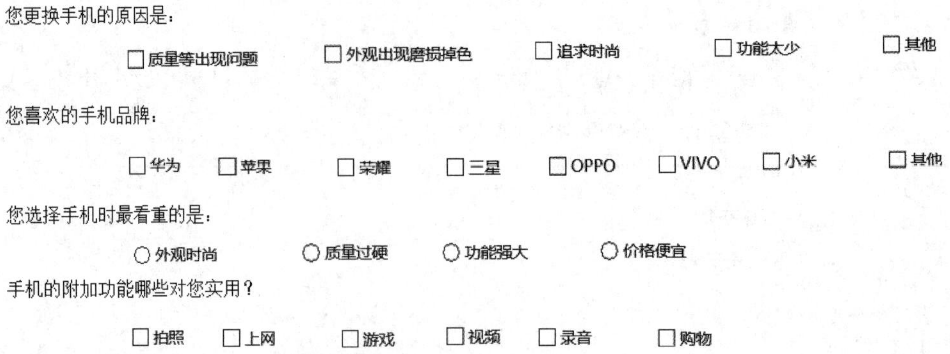

您更换手机的原因是：

☐ 质量等出现问题　　　☐ 外观出现磨损掉色　　　☐ 追求时尚　　　☐ 功能太少　　　☐ 其他

您喜欢的手机品牌：

☐ 华为　　☐ 苹果　　☐ 荣耀　　☐ 三星　　☐ OPPO　　☐ VIVO　　☐ 小米　　☐ 其他

您选择手机时最看重的是：

○ 外观时尚　　　○ 质量过硬　　　○ 功能强大　　　○ 价格便宜

手机的附加功能哪些对您实用？

☐ 拍照　　☐ 上网　　☐ 游戏　　☐ 视频　　☐ 录音　　☐ 购物

图 2-57　设置复选框

5．制作统计表

市场调查问卷设计完成后，企业还需要对调查的结果进行统计，并对统计的结果进行分析，这才是制作市场调查问卷的最终目的。为了方便统计，可以设计一个自动统计调查结果的"统计表"。制作完成的"统计表"的基本模型如图 2-58 所示，数据显示可能不相同。

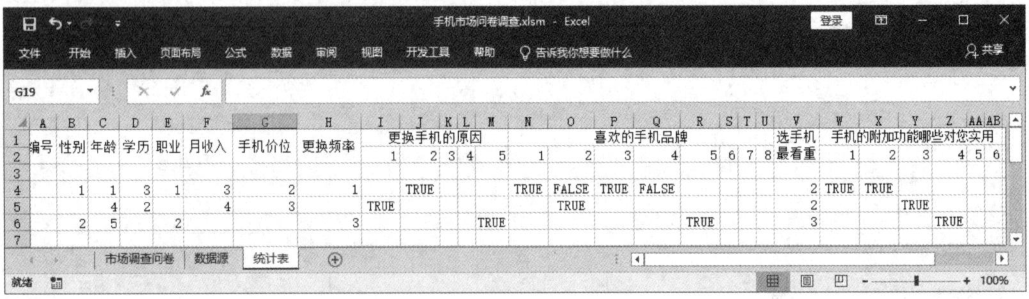

图 2-58　"统计表"基本模型

在调查问卷中有单选题和多选题，一个单选题对应一个答案，一个多选题对应多个答案。为了便于记录，使用数字编号代表多选题的多个选项。这里以简捷的语言在工作表中输入问卷中每一个问题，以便在一页中显示问卷中的所有题目。输入完毕可适当地调整字体大小、行高、列宽以及合并相应的单元格等。

统计表创建完成之后还需要将其与调查问卷链接起来，只有这样才能实现调查结果的自动统计。

（1）链接单选题。切换到"市场调查问卷"工作表中，选中"男"选项按钮，右击，在弹出的快捷菜单中选择"设置控件格式"菜单项将打开"设置控件格式"对话框，切换到"控制"选项卡中，在"值"选项组中选中"已选择"选项按钮。

（2）将鼠标定位在"单元格链接"文本框中，单击工作表标签"统计表"中的单元格 B3，即可将链接的单元格显示在"单元格链接"文本框中，如图 2-59 所示。

（3）单击"确定"按钮返回工作表中，此时如果在工作表"市场调查问卷"中选择的性别是"男"，在"统计表"工作表单元格 B3 中显示的则为"1"；如果选中"女"，在 B3 单元格中则为"2"。

（4）按照相同的方法链接其他的选项按钮。如"年龄、学历、职业、月收入"等。

（5）链接多选题。切换到"市场调查问卷"工作表中，在"您更换手机的原因是："题目中

图 2-59　设置单元格链接

选中"质量等出现问题"复选框,右击,在弹出的快捷菜单中选择"设置控件格式"菜单项,打开"设置控件格式"对话框,切换到"控制"选项卡中,在"值"选项组中选中"已选择"按钮,然后在"单元格链接"文本框中选择"统计表"中的单元格 I3。

(6) 单击"确定"按钮返回工作表。在单元格 I3 中显示的如果为一个或者多个"♯",则需要加宽该列。选中此单元格可以发现在编辑栏中显示的是 TRUE,即系统自动以 TRUE和 FALSE 来表示复选框的选中和未选中状态。

(7) 按照相同的方法逐个将问卷中的其他复选框与统计表中的单元格相链接,并适当地调整列宽,将结果全部显示出来。

6. 添加按钮

链接问卷与统计表之后,虽然此时统计表可以自动地记录调查结果,但是第一次填写的结果会被第二次填写的结果所覆盖,不能将每次的填写结果都记录下来。所以,为了将每次填写的结果均记录下来,需要在表格中添加一个提交按钮。

(1) 在"市场调查问卷"工作表中,选择"开发工具"|"插入"|"表单控件"工具栏中的"按钮(窗体控件)" ▬▬ ,然后在表格的最下方拖动鼠标添加一个按钮。同时系统会自动地弹出"指定宏"对话框。

(2) 单击"新建"按钮,打开 Microsoft Visual Basic for Application 代码编辑窗口,即VBA 窗口,用户可在此输入、编辑以及运行宏。

(3) 输入代码或者复制教师提供的代码,如图 2-60 所示,图中显示的是按钮 40 的完整代码,如果你创建的不是按钮 40 而是按钮 50,就需要将图中按钮 40 改为按钮 50。

代码及解释如下(特别观察你生成的按钮是按钮 40 还是其他,如果是 50,则将代码中的 40 改为 50)。

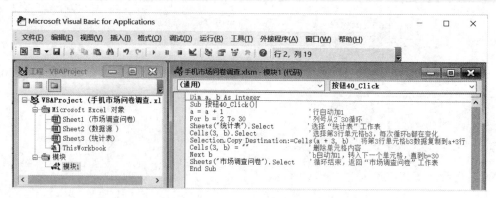

图 2-60　Excel VBA 代码

Dim a, b As Integer	'定义变量 a 和 b
Sub 按钮 40_Click()	'可能你创建的按钮不是按钮 40,可修改
a = a + 1	'行自动加 1
For b = 2 To 30	'列号从 2～30 循环
Sheets("统计表").Select	'选择"统计表"工作表
Cells(3, b).Select	'选择第 3 行单元格 b3,每次循环 b 都在变化
Selection.Copy Destination: = Cells(a + 3, b)	'将第 3 行单元格 b3 数据复制到 a + 3 行
Cells(3, b) = ""	'删除单元格内容
Next b	'b 自动加 1,转入下一个单元格,直到 b = 30
Sheets("市场调查问卷").Select	'循环结束,返回"市场调查问卷"工作表
End Sub	

（4）代码设置完成后,单击"保存"按钮,保存输入的代码。关闭 VBA 窗口,返回工作表"市场调查问卷"中,将按钮重命名为"提交"。

（5）同上方法,创建另一个按钮,命名为"清空重置"。代码如下（如果你创建的不是按钮 41 而是按钮 51,就需要将按钮 41 改为按钮 51）。

```
Sub 按钮 41_Click()
For b = 2 To 30
Sheets("统计表").Select
Cells(3, b) = ""
Next b
Sheets("市场调查问卷").Select
End Sub
```

（6）最后,"手机市场调查问卷.xlsm"完成界面如图 2-61 所示,至少填写一份调查问卷后,单击"提交"按钮,观察工作表"统计表"自动统计的调查结果。

（7）再填写一份调查报告,单击"清空重置"按钮,将已选择的数据完全清空,保存文件。

7. 保护工作表

为了保障调查数据的安全性,一般不允许任何人对设置好的调查问卷进行修改,为此可对工作表进行保护设置。

（1）首先保护"市场调查问卷"工作表。选择"审阅"|"保护工作表"命令,打开"保护工作表"对话框,如图 2-62 所示。在"取消工作表保护时使用的密码"文本框中输入自己定义的密码（比如"123"）。

（2）单击"确定"按钮,弹出"确认密码"对话框,在"重新输入密码"文本框中输入前面定义的密码。单击"确定"按钮返回工作表,即完成对工作表的保护。

图 2-61 手机市场调查问卷

图 2-62 保护工作表

（3）按照相同的方法保护工作表"数据源"。

（4）将工作簿文件另存为"手机市场调查问卷（保护）.xlsm"，保存类型要选择"Excel 启用宏的工作簿（*.xlsm）"。至此完成"手机市场调查问卷"的案例设计。

2.5 案例5 学生成绩管理系统

【要求】

已有“学生成绩管理.xlsx”原文件内容 Sheet1 和 Sheet3 如图 2-63 所示，Sheet2 为空表。

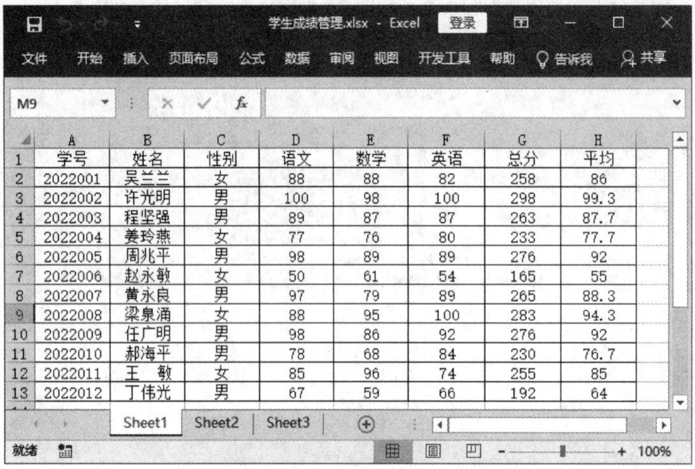

学号	姓名	性别	语文	数学	英语	总分	平均
2022001	吴兰兰	女	88	88	82	258	86
2022002	许光明	男	100	98	100	298	99.3
2022003	程坚强	男	89	87	87	263	87.7
2022004	姜玲燕	女	77	76	80	233	77.7
2022005	周兆平	男	98	89	89	276	92
2022006	赵永敏	女	50	61	54	165	55
2022007	黄永良	男	97	79	89	265	88.3
2022008	梁泉涌	女	88	95	100	283	94.3
2022009	任广明	男	98	86	92	276	92
2022010	郝海平	男	78	68	84	230	76.7
2022011	王　敏	女	85	96	74	255	85
2022012	丁伟光	男	67	59	66	192	64

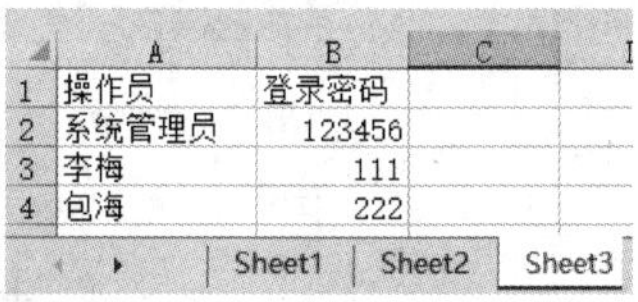

操作员	登录密码
系统管理员	123456
李梅	111
包海	222

图 2-63 “学生成绩管理.xlsx”原文件内容

本案例要求用 Excel VBA 制作学生成绩管理系统，其中，系统有登录窗体界面、浏览查询数据、成绩输入以及统计总分、平均分等功能。

【知识点】

Excel 启用宏的工作簿、用户窗体、ActiveX 控件、命令按钮(ActiveX 控件)、Excel VBA

【操作步骤】

1. 准备工作

(1) 打开“学生成绩管理.xlsx” 工作簿文件，将 Sheet1、Sheet2、Sheet3 工作表分别改名为“浏览”、“主界面”和“用户表”(注意不要出现错别字)。

(2) 将工作簿文件另存为“学生成绩管理.xlsm”，保存类型要选择“Excel 启用宏的工作簿(*.xlsm)”，如图 2-64 所示。

(3) 选择“开发工具”|Visual Basic，进入 VBA 编辑窗口。右击工程资源管理器中的 ThisWorkbook，在弹出的快捷菜单中选择“查看代码”。输入以下代码，如图 2-65 所示。

```
Private Sub Workbook_Open()
    Application.Visible = False
    系统登录.Show
    Application.Caption = "我的程序"
    Sheets("主界面").ScrollArea = "$A$1"
End Sub
```

2. 建立系统登录窗体

(1) 在 VBA 编辑窗口中，选择“插入”|“用户窗体”，修改窗体的 Name(名称)和 Caption 属性都为“系统登录”(可通过“视图”|“属性窗口”打开属性窗口)。按照如图 2-66 所

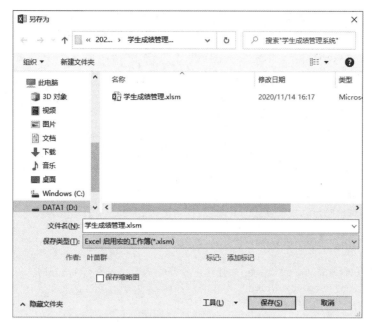

图 2-64 Excel 启用宏的工作簿

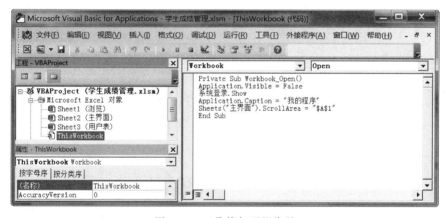

图 2-65 工作簿打开的代码

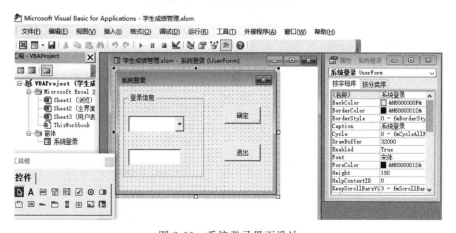

图 2-66 系统登录界面设计

示窗体设计图,利用工具箱加入各个控件。其中"登录信息"为框架 Frame1,修改其 Caption 属性为"登录信息";操作员用户(登录信息下面一行)选择使用复合框 ComboBox1;密码(操作员用户下面一行)使用文本框 TextBox1 输入,本来密码应该用 PasswordChar 属性设置为 *,但由于很多计算机会提示输入字符出错,所以这里不设置了。

(2)"确定"使用命令按钮 CommandButton1,"退出"使用命令按钮 CommandButton2,分别修改其 Caption 属性为"确定"和"退出"。

(3)双击"确定"按钮,进入代码编辑状态。其中代码如下。

```
Private Sub CommandButton1_Click()
    If ComboBox1.Text = "" Or TextBox1.Text = "" Then
    MsgBox "请填写完整", 1 + 64, "系统登录"
    TextBox1.SetFocus
    Else
    If 取指定用户密码(ComboBox1) = TextBox1.Text Then
    Unload Me
    MsgBox ComboBox1.Text & "你好,欢迎你进入本系统!", 1 + 64, "欢迎词"
    Application.Visible = True
    ActiveWorkbook.Unprotect Password: = "123"
    Sheets("主界面").Visible = True
    Sheets("主界面").Activate
    ActiveWorkbook.Protect Password: = "123"
    Else
    MsgBox "登录密码错误,请重新输入"
    End If
    End If
End Sub
```

(4)为提取操作人员密码,以便在系统登录时进行比较,编写一个提取密码函数,接着刚才的代码,输入如下代码。

```
Function 取指定用户密码(X As Object)
    Dim mrow As Integer
    mrow = Sheets("用户表").Cells.Find(X.Text).Row
    取指定用户密码 = Sheets("用户表").Cells(mrow, 2)
End Function
```

(5)为了在"系统登录"窗体运行时,将用户表中的所有用户自动提取到操作员列表中,如图 2-67(a)所示,需要加入代码。单击"关闭"按钮,切换回"系统登录"设计窗体,单击窗体空白处,对象选择 UserForm,如图 2-67(b)所示,过程选择 Initialize,代码如下。

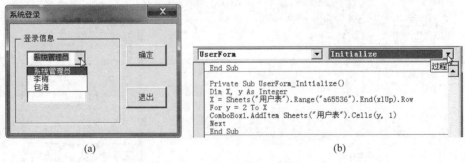

(a)   (b)

图 2-67 系统登录窗体初始化代码

```
Private Sub UserForm_Initialize()
    Dim X, y As Integer
    X = Sheets("用户表").Range("a65536").End(xlUp).Row
    For y = 2 To X
    ComboBox1.AddItem Sheets("用户表").Cells(y, 1)
    Next
End Sub
```

（6）双击"退出"按钮，进入代码编辑状态。其中代码如下。

```
Private Sub CommandButton2_Click()
    Unload Me
    Application.Visible = True
    ActiveWorkbook.Close SAVECHANGES: = False
End Sub
```

（7）保存工作簿文件，按 F5 键运行调试"系统登录"窗体，操作员选择"系统管理员"，密码输入"123456"，单击"确定"按钮，出现欢迎词"系统管理员你好，欢迎你进入本系统！"，如图 2-68 所示。

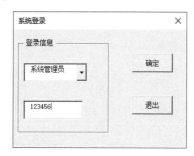 

图 2-68　登录信息填写正确时显示信息

（8）当没有输入密码或者密码输入错误时，会出现错误提示信息，如图 2-69 所示。调试完成，按 Alt＋F11 组合键返回 Excel 环境。

图 2-69　登录信息填写有误时显示信息

3. 建立主界面

（1）在工作表"主界面"中，单击单元格 A1，选择"插入"|"图片"，插入一张图片，调整图片到适当大小。

（2）选择"开发工具"|"插入"|"命令按钮（ActiveX 控件）"，插入"浏览"按钮 CommandButton1和"输入"按钮 CommandButton2，如图 2-70 所示。

（3）右击按钮，在弹出的快捷菜单中选择"属性"，弹出属性窗口，分别修改其 Caption属性为"浏览"和"输入"。在"设计模式"选中状态，双击按钮进入代码编辑模式，输入如下代码。

Excel 高级应用

图 2-70　主界面设计

```
Private Sub CommandButton1_Click()
    Sheets("浏览").Activate
End Sub

Private Sub CommandButton2_Click()
    学生成绩.Show
End Sub
```

4. 建立浏览界面

（1）在工作表"浏览"中，和主界面类似，创建"主界面"按钮 CommandButton1、"查询"按钮 CommandButton2 和"输入"按钮 CommandButton3，如图 2-71 所示。"主界面"按钮用来返回"主界面"工作表，"查询"按钮用来显示一个筛选界面。

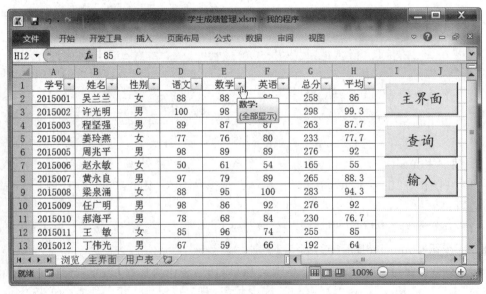

图 2-71　浏览界面设计

（2）单击"开发工具"|"设计模式"，选中"主界面"按钮，单击"查看代码"可以编辑代码，代码如下。再次单击"设计模式"可以使其不选中，此时单击按钮表示运行模式。

```
Private Sub CommandButton1_Click()
    Sheets("主界面").Activate
End Sub

Private Sub CommandButton2_Click()
    If Not (IsEmpty(Cells(4, 1))) Then
    Range("A4").AutoFilter
    End If
End Sub

Private Sub CommandButton3_Click()
    学生成绩.Show
End Sub
```

5. 成绩输入界面

（1）按 Alt＋F11 组合键进入 VBA 编辑环境，选择"插入"|"用户窗体"，修改窗体的 Name(名称)为"学生成绩"和 Caption 属性为"学生成绩管理"。根据如图 2-72 所示的窗体界面进行设计。其中"学号""姓名""语文""数学""英语""总分""平均分"分别为标签 Label1～Label7；"学号""姓名""语文""数学""英语"右边为文本框 TextBox1～TextBox5；"总分""平均分"右边是标签 Label8、Label9；"男""女"为单选按钮 OptionButton1～OptionButton2；"上一个""下一个""添加""删除""确定""退出""计算"按钮分别为 CommandButton1～CommandButton7。接着下面直接输入各代码。

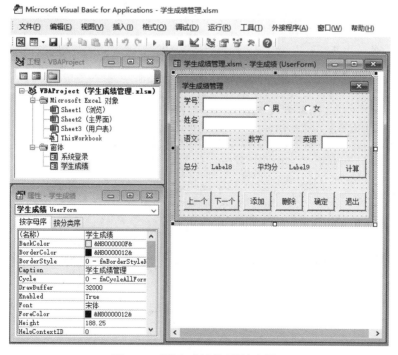

图 2-72 "学生成绩管理"输入界面

（2）声明公用全局变量 n 和定义公用的"显示"过程 display()。双击任意一个控件，打

Excel 高级应用

开代码编辑窗口,删除自动产生的代码,再将以下代码放入代码区域(注意不要将代码放入其他任何过程中)。

```
Public n As Integer                '全局变量 n,别忘了
Sub display()
    TextBox1.Value = Cells(n, 1): TextBox2.Value = Cells(n, 2)
    TextBox3.Value = Cells(n, 4): TextBox4.Value = Cells(n, 5)
    TextBox5.Value = Cells(n, 6): Label8.Caption = Cells(n, 7)
    Label9.Caption = Cells(n, 8)
    If Cells(n, 3) = "男" Then
    OptionButton1.Value = True
    Else
    OptionButton2.Value = True
    End If
End Sub
```

(3)"上一个"按钮 CommandButton1 代码如下。

```
Private Sub CommandButton1_Click()
    If n > 2 Then
    n = n - 1
    Else
    MsgBox ("已到第一条了!")
    End If
    Call display
End Sub
```

(4)"下一个"按钮 CommandButton2 代码如下。

```
Private Sub CommandButton2_Click()
    If Not (IsEmpty(Cells(n + 1, 1))) Then
    n = n + 1
    Else
    MsgBox ("已到最后一条了!")
    End If
    Call display
End Sub
```

(5)"添加"按钮 CommandButton3 代码如下。

```
Private Sub CommandButton3_Click()
    While Not (IsEmpty(Cells(n, 1)))
    n = n + 1
    Wend
    Call display
End Sub
```

(6)"删除"按钮 CommandButton4 代码如下。

```
Private Sub CommandButton4_Click()
    Worksheets("浏览").Activate
    If MsgBox("你真的要删除吗?", vbOKCancel) = vbOK Then
    Rows(n).Delete
    TextBox1.Value = "": TextBox2.Value = ""
    TextBox3.Value = "": TextBox4.Value = ""
    TextBox5.Value = ""
    Label8.Caption = "": Label9.Caption = ""
```

```
        OptionButton1.Value = False
        OptionButton2.Value = False
        n = n - 1
        End If
End Sub
```

（7）"确定"按钮 CommandButton5 代码如下。

```
Private Sub CommandButton5_Click()
        Worksheets("浏览").Activate
        Cells(n, 1) = TextBox1.Value
        Cells(n, 2) = TextBox2.Value
        Cells(n, 4) = TextBox3.Value
        Cells(n, 5) = TextBox4.Value
        Cells(n, 6) = TextBox5.Value
        Cells(n, 7) = Label8.Caption
        Cells(n, 8) = Label9.Caption
        If OptionButton1.Value = True Then
        Cells(n, 3) = "男"
        Else
        Cells(n, 3) = "女"
        End If
        Range(Cells(n, 1), Cells(n, 8)).HorizontalAlignment = xlCenter
        With Range(Cells(n, 1), Cells(n, 8)).Borders
        .LineStyle = xlContinuous
        .Weight = xlThin
        End With
End Sub
```

（8）"计算"按钮 CommandButton7 和"退出"按钮 CommandButton6 代码如下。

```
Private Sub CommandButton7_Click()
        Label8.Caption = Val(TextBox3.Value) + Val(TextBox4.Value) + Val(TextBox5.Value)
        Label9.Caption = Label8.Caption / 3
End Sub
```

```
Private Sub CommandButton6_Click()
        学生成绩.Hide
End Sub
```

（9）窗体初始化代码如下。

```
Private Sub UserForm_Initialize()
        Worksheets("浏览").Activate
        n = 2
        Call display
End Sub
```

（10）接下来开始窗体调试。单击"上一个"按钮,可以显示上一条记录,如果已经是第一条,再单击它,则出现"已到第一条了"提示,如图 2-73 所示。

（11）单击"下一个"按钮,可以显示下一条记录,如果已经是最后一条,再单击它,则出现"已到最后一条了"提示,如图 2-74 所示。

（12）单击"添加"按钮,即在窗体中添加一条空白记录。请输入自己学号后 7 位、性别、姓名(请输入真实信息)、语文、数学、英语等信息后。

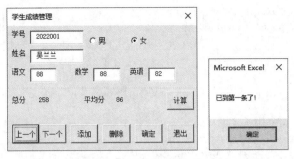

图 2-73　显示"已到第一条了"

（13）单击"计算"按钮可以计算总分和平均分，如图 2-75 所示。

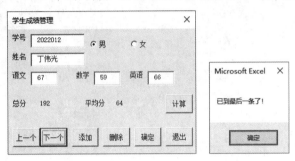

图 2-74　显示"已到最后一条了"

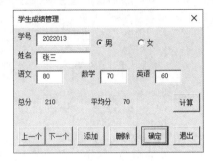

图 2-75　计算总分和平均分

（14）单击"确定"按钮，则添加一条记录到工作表中，如图 2-76 所示。如果不满意输入的信息，也可以使用"删除"按钮删除。

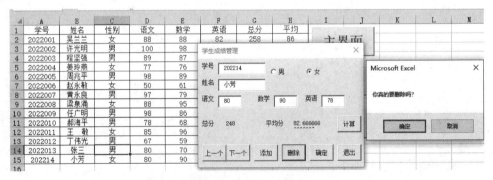

图 2-76　添加记录

2.6　拓展操作题

1. 已有 Excel 工作簿文档，其中 Sheet1 工作表如图 2-77 所示。请完成如下操作。

（1）将 Sheet1 工作表中第一个姓名"张三"改成你自己的姓名；再在 Sheet1 工作表页眉中间位置输入姓名；然后增加一个以你学号和姓名命名的工作表。

（2）使用 VLOOKUP 函数，对 Sheet1 中的"销售统计表"的"产品名称"列和"产品单价"列进行填充。要求：根据"销售产品清单"，使用 VLOOKUP 函数，将产品名称和产品单价填充到"销售统计表"的"产品名称"列和"产品单价"列中。

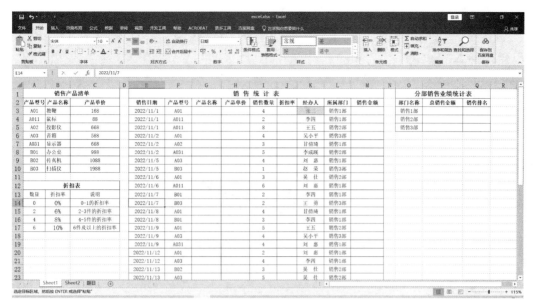

图 2-77　Excel 工作簿 Sheet1 工作表

（3）使用 IF 逻辑函数，对 Sheet1 中"销售统计表"中的"折扣率"列进行填充。要求：根据"折扣表"中的折扣率，利用 IF 函数，将其折扣率填充到"销售统计表"中的"折扣率"列中。

（4）使用数组公式，计算 Sheet1 的"销售统计表"中的销售金额，并将结果填入到该表的"销售金额"列中。计算方法：销售金额 ＝ 产品单价×销售数量×（1－折扣率）。

（5）使用 SUMIF 函数，根据"销售统计表"中的数据，计算"分部销售业绩统计表"中的各分部的总销售金额，并将结果填入该表的"总销售金额"列。

（6）在 Sheet1 中，使用 RANK 函数，在"分部销售业绩统计"表中，根据"总销售金额"对各分部门进行排名，并将结果填入到"销售排名"列中。

（7）将 Sheet1 中的"销售统计表"复制到 Sheet2（A1 开始区域）中，对 Sheet2 进行高级筛选。要求：

① 筛选条件为："销售数量"大于 4、"所属部门"—销售 1 部；或者"销售金额"大于或等于 3000 元（条件区域请建立在 D47 开始区域）。

② 将筛选结果保存在 Sheet2 中原有区域。

注意：

① 无须考虑是否删除或移动筛选条件。

② 使用选择性粘贴，将标题项"销售统计表"连同数据一同复制。

③ 复制数据表后，粘贴时，数据表必须顶格放置。

（8）根据 Sheet1 的"销售统计表"中的数据，新建一个数据透视图。要求：

① 该图形显示每位经办人的总销售额情况。

② x 坐标设置为"经办人"。

③ 数据区域设置为"销售金额"。

（9）将 Sheet1 中的"销售统计表"复制到 Sheet4 中，对 Sheet4 进行分类汇总，要求统计各产品型号的总销售额，并制作图表显示各型号销售额的三维饼图，如图 2-78 所示。

第 2 章

Excel 高级应用

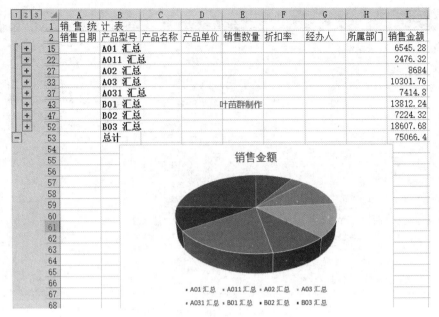

图 2-78　销售金额的三维饼图

2. 销售部助理小王需要根据 2021 年和 2022 年的图书产品销售情况进行统计分析,以便制订新一年的销售计划和工作任务。Excel 工作簿中的"销售订单"工作表如图 2-79 所示、"2022 年图书销售分析"工作表如图 2-80 所示、"图书编目表"工作表如图 2-81 所示。

	A	B	C	D	E	F
1	订单编号	日期	书店名称	图书名称	图书编号	销量
2	BY-08001	2021/1/2	博盛书店	《Office商务办公好帮手》		12
3	BY-08002	2021/1/4	通达书店	《Excel办公高手应用案例》		5
4	BY-08003	2021/1/4	通达书店	《Word办公高手应用案例》		41
5	BY-08004	2021/1/5	通达书店	《PowerPoint办公高手应用案例》		21
6	BY-08005	2021/1/6	博盛书店	《OneNote万用电子笔记本》		32
7	BY-08006	2021/1/9	博盛书店	《Outlook电子邮件应用技巧》		3
8	BY-08007	2021/1/9	通达书店	《Office商务办公好帮手》		1
9	BY-08008	2021/1/10	博盛书店	《SharePoint Server安装、部署与开发》		3
10	BY-08009	2021/1/10	通达书店	《Excel办公高手应用案例》		43
11	BY-08010	2021/1/11	隆华书店	《SharePoint Server安装、部署与开发》		22
12	BY-08011	2021/1/11	博盛书店	《OneNote万用电子笔记本》		31
13	BY-08012	2021/1/12	隆华书店	《Excel办公高手应用案例》		19
14	BY-08013	2021/1/12	博盛书店	《Exchange Server安装、部署与开发》		43

图 2-79　"销售订单"工作表

现在,请按照如下要求,在文档"拓展操作题 2.xlsx"中完成以下工作并保存。

【要求 1】

在"销售订单"工作表的"图书编号"列中,使用 VLOOKUP 函数填充所对应"图书名称"的"图书编号","图书名称"和"图书编号"的对照关系请参考"图书编目表"工作表。

【要求 2】

将"销售订单"工作表的"订单编号"列按照数值升序方式排序,并将所有重复的订单编号数值标记为紫色(标准色)字体,然后将其排列在销售订单列表区域的顶端。

【要求 3】

在"2022 年图书销售分析"工作表中,统计 2022 年各类图书在每月的销售量,并将统计

图 2-80 "2022 年图书销售分析"工作表

结果填充在所对应的单元格中。为该表添加汇总行,在汇总行单元格中分别计算每月图书的总销量。

【要求 4】

在"2022 年图书销售分析"工作表中的 N4:N11 单元格中,插入用于统计销售趋势的迷你折线图,各单元格中迷你图的数据范围为所对应图书的 1 月~12 月销售数据。并为各迷你折线图标记销量的最高点和最低点。

图 2-81 "图书编目表"工作表

【要求 5】

根据"销售订单"工作表的销售列表创建数据透视表,并将创建完成的数据透视表放置在新工作表中,以 A1 单元格为数据透视表的起点位置。将工作表重命名为"2021—2022 年书店销量"。在数据透视表中,设置"日期"字段为列标签,"书店名称"字段为行标签,"销量"字段为求和汇总项。并在数据透视表中显示 2021 年期间各书店每季度的销量情况。请勿对完成的数据透视表进行额外的排序操作。

【操作提示】

【要求 1 提示】

"销售订单"工作表的 E3 单元格的公式:=VLOOKUP(D3,图书编目表!＄A＄2:＄B＄9,2,FALSE)

【要求 2 提示】

选中 A 列,选择"开始"|"条件格式"|"突出显示单元格规则"|"重复值",在弹出的"重复值"对话框中,将重复值设置为紫色。光标放在数据清单中,不要选中数据,选择"数据"|"排序",在弹出的"排序"对话框中,选中"数据包含标题",主要关键字设置为"订单编号",排序依据选择"字体颜色",次序选择紫色和"在顶端",效果如图 2-82 所示。

【要求 3 提示】

"2022 年图书销售分析"工作表 B4 单元格的公式为"＝SUMIFS(销售订单!＄F＄2:＄F＄677,销售订单!＄D＄2:＄D＄677,A4,销售订单!＄B＄2:＄B＄677,">＝2022-1-1",销售订单!＄B＄2:＄B＄677,"<2022-2-1")

C4 单元格的公式为"＝SUMIFS(销售订单!＄F＄2:＄F＄677,销售订单!＄D＄2:＄D

图 2-82 销售订单

$677,A4,销售订单! $B$2: $B$677,">=2022-2-1",销售订单! $B$2: $B$677,"<2022-3-1")。"

依次类推,M4 单元格的公式为"=SUMIFS(销售订单! $F$2: $F$677,销售订单! $D$2: $D$677,A4,销售订单! $B$2: $B$677,">=2022-12-1",销售订单! $B$2: $B$677,"<2023-1-1")"。

【要求 4 提示】

在 N4 单元格中,选择"插入"|"迷你图"|"折线迷你图",弹出"创建迷你图"对话框,数据范围设置为 B4:M4,单击"迷你图工具"|"设计",选中"高点"和"低点"选项,填充其他项,效果如图 2-83 所示。

图 2-83 销售分析结果

【要求 5 提示】

按照要求完成透视表后,单击 2021 年前面的加号可以展开各季度的数据,如图 2-84 所示。

3. 小李是北京某政法学院教务处的工作人员,法律系提交了 2012 级四个法律专业教学班的期末成绩单,为更好地掌握各个教学班学习的整体情况,教务处领导要求她制作成绩分析表,供学院领导掌握宏观情况。请根据"拓展操作题 3.xlsx"文档,帮助小李完成 2012 级法律专业学生期末成绩分析表的制作。具体要求如下。

(1) 在"2012 级法律"工作表最右侧依次插入"总分""平均分""年级排名"列;将工作表的第一行根据表格实际情况合并居中为一个单元格,并设置合适的字体、字号,使其成为该

	A	B	C	D	E	F	G	H
1	求和项:销量	列标签						
2		2021年				2021年 汇总	2022年	总计
3		第一季	第二季	第三季	第四季			
4	行标签							
5	博盛书店	1098	836	844	1038	3816	3651	7467
6	隆华书店	571	772	889	626	2858	2459	5317
7	通达书店	439	761	711	685	2596	2494	5090
8	总计	2108	2369	2444	2349	9270	8604	17874

图 2-84　2021—2022 年书店销量的数据透视表

工作表的标题。对班级成绩区域套用带标题行的“冰蓝，表样式浅色 2”的表格格式，取消筛选按钮。设置排名为整数，其他成绩的数值保留 1 位小数。

(2) 在“2012 级法律”工作表中，利用公式分别计算“总分”“平均分”“年级排名”列的值。对学生成绩不及格(小于 60)的单元格套用格式突出显示为“黄色(标准色)填充色红色(标准色)文本”。

(3) 在“2012 级法律”工作表中，利用公式、根据学生的学号、将其班级的名称填入“班级”列，规则为：学号的第三位为专业代码、第四位代表班级序号，即 01 为“法律一班”，02 为“法律二班”，03 为“法律三班”，04 为“法律四班”。

(4) 根据“2012 级法律”工作表，创建一个数据透视表，放置于表名为“班级平均分”的新工作表中，工作表标签颜色设置为红色。要求数据透视表中按照英语、体育、计算机、近代史、法制史、刑法、民法、法律英语、立法法的顺序统计各班各科成绩的平均分，其中行标签为班级。所有列的对齐方式设为居中，成绩的数值保留 1 位小数。

(5) 在“班级平均分”工作表中，针对各课程的班级平均分创建二维的簇状柱形图，其中水平簇标签为班级，图例项为课程名称，并将图表放置在表格下方的 A10:H30 区域中。

【操作提示】

班级计算可以采用嵌套 IF 函数完成。A3 中的公式为“=IF(MID(B3,4,1)="1","法律一班",IF(MID(B3,4,1)="2","法律二班",IF(MID(B3,4,1)="3","法律三班","法律四班")))”。

“2012 级法律”工作表完成后效果如图 2-85 所示。“班级平均分”工作表完成后效果如图 2-86 所示。

4. 小蒋是一位中学职工，在教务处负责初一年级学生的成绩管理。由于学校地处偏远地区，缺乏必要的教学设施，只有一台配置不太高的 PC 可以使用。他在这台计算机中安装了 Microsoft Office，决定通过 Excel 来管理学生成绩，以弥补学校缺少数据库管理系统的不足。现在，第一学期期末考试刚刚结束，小蒋将初一年级三个班的成绩均录入了文件名为“拓展操作题 4. xlsx”的 Excel 工作簿文档中。

请根据下列要求帮助小蒋老师对该成绩单进行整理和分析。

(1) 对工作表“第一学期期末成绩”中的数据列表进行格式化操作：将第一列“学号”列设为文本，将所有成绩列设为保留两位小数的数值；设置对齐方式为水平居中。

(2) 利用“条件格式”功能进行下列设置：将语文、数学、英语三科中不低于 110 分的成绩所在的单元格文本设置为蓝色加粗，其他四科中高于 95 分的成绩所在的单元格文本设置为紫色加粗。

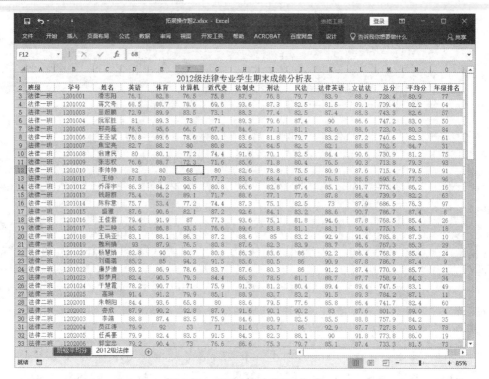

图 2-85 "2012 级法律"工作表

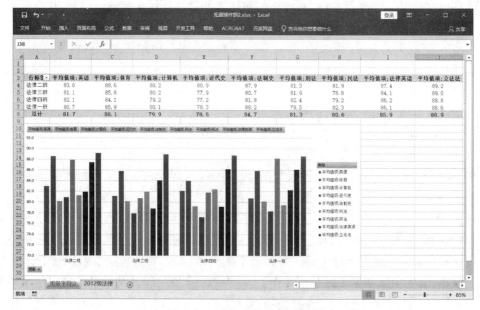

图 2-86 "班级平均分"工作表

（3）利用 SUM 和 AVERAGE 函数计算每一个学生的总分及平均成绩。

（4）学号第 3、4 位代表学生所在的班级，例如："120105"代表 12 级 1 班 5 号。请通过函数提取每个学生所在的班级，"学号"的第 4 位即对应班级。

（5）复制工作表"第一学期期末成绩"，将副本放置到原表之后；改变该副本标签的颜色为黄色，并重新命名为"分类汇总"。

(6) 通过分类汇总功能求出每个班各科的平均成绩,并将每组结果分页显示,以分类汇总结果为基础,创建一个簇状柱形图,对每个班各科平均成绩进行比较。

【操作提示】

班级计算可以采用 mid 函数完成。C2 中的公式为"=MID(A2,4,1)& "班""。

"第一学期期末成绩"工作表完成后效果如图 2-87 所示。"分类汇总"工作表完成后效果如图 2-88 所示。

	A	B	C	D	E	F	G	H	I	J	K	L
1	学号	姓名	班级	语文	数学	英语	生物	地理	历史	政治	总分	平均分
2	120305	包宏伟	3班	91.50	89.00	94.00	92.00	91.00	86.00	86.00	629.50	89.67
3	120203	陈万地	2班	93.00	99.00	92.00	86.00	86.00	73.00	92.00	621.00	88.00
4	120104	杜学江	1班	102.00	**116.00**	**113.00**	78.00	88.00	86.00	73.00	656.00	92.33
5	120301	符合	3班	99.00	98.00	101.00	95.00	91.00	95.00	78.00	657.00	93.00
6	120306	吉祥	3班	101.00	94.00	99.00	90.00	87.00	95.00	93.00	659.00	93.00
7	120206	李北大	2班	100.50	103.00	104.00	88.00	89.00	78.00	90.00	652.50	92.00
8	120302	李娜娜	3班	78.00	95.00	94.00	82.00	90.00	93.00	84.00	616.00	89.67
9	120204	刘康锋	2班	95.50	92.00	96.00	84.00	95.00	91.00	92.00	645.50	91.67
10	120201	刘鹏举	2班	93.50	107.00	96.00	**100.00**	93.00	92.00	93.00	674.50	96.83
11	120304	倪冬声	3班	95.00	97.00	102.00	93.00	95.00	92.00	88.00	662.00	94.50
12	120103	齐飞扬	1班	95.00	85.00	99.00	**98.00**	92.00	92.00	88.00	649.00	92.33
13	120105	苏解放	1班	88.00	98.00	101.00	89.00	73.00	95.00	91.00	635.00	91.17
14	120202	孙玉敏	2班	86.00	107.00	89.00	88.00	92.00	88.00	89.00	639.00	92.17
15	120205	王清华	2班	103.50	105.00	105.00	93.00	93.00	90.00	86.00	675.50	95.33
16	120102	谢如康	1班	**110.00**	95.00	98.00	**99.00**	93.00	93.00	92.00	680.00	95.00
17	120303	闫朝霞	3班	84.00	100.00	97.00	87.00	78.00	89.00	93.00	628.00	90.67
18	120101	曾令煊	1班	97.50	106.00	108.00	**98.00**	**99.00**	**99.00**	**96.00**	703.50	101.00
19	120106	张桂花	1班	90.00	**111.00**	**116.00**	72.00	95.00	93.00	95.00	672.00	97.00

图 2-87 "第一学期期末成绩"工作表

	A	B	C	D	E	F	G	H	I	J	K	L
1	学号	姓名	班级	语文	数学	英语	生物	地理	历史	政治	总分	平均分
8			1班 平均值	97.08	101.83	105.83	89.00	90.00	93.00	89.17		
15			2班 平均值	95.33	102.17	97.00	89.83	91.33	85.33	90.33		
22			3班 平均值	91.42	95.50	97.83	89.83	88.67	91.67	87.00		
23			总计平均值	94.61	99.83	100.22	89.56	90.00	90.00	88.83		

图 2-88 "分类汇总"工作表

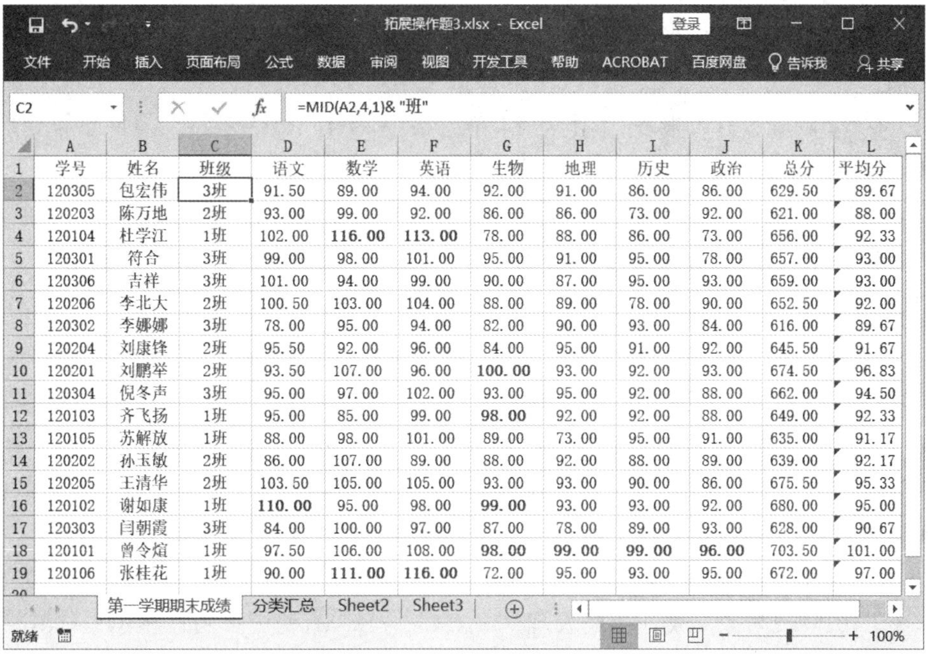

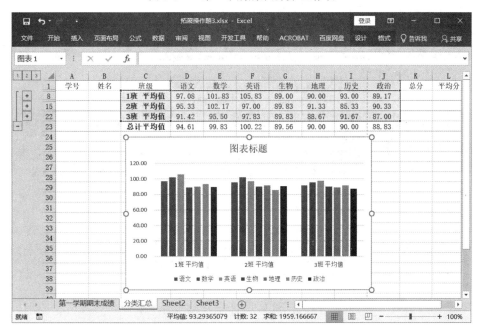

5. 财务部助理小王需要向主管汇报 2013 年度公司差旅报销情况,现在请按照如下需求,在"拓展操作题 5. xlsx"文档中完成以下工作。

(1) 使用公式统计每个活动地点所在的省份或直辖市,并将其填写在"地区"列所对应的单元格中,例如"北京市""浙江省"。

(2) 依据"费用类别编号"列内容,使用 VLOOKUP 函数,生成"费用类别"列内容。对照关系参考"费用类别"工作表。

(3) 在"差旅成本分析报告"工作表 B3 单元格中,统计 2013 年发生在北京市的差旅费用总金额。

(4) 在"差旅成本分析报告"工作表 B4 单元格中,统计 2013 年员工钱顺卓报销的火车票费用总额。

(5) 在"差旅成本分析报告"工作表 B5 单元格中,统计 2013 年差旅费用中,飞机票费用占所有报销费用的比例,并保留 2 位小数。

【操作提示】

"费用类别"列公式为"＝VLOOKUP(E3,费用类别!＄A＄3:＄B＄12,2,FALSE)"。

2013 年发生在北京市的差旅费用金额总计公式为"＝SUMIF(费用报销管理!D3:D401,"北京市",费用报销管理!G3:G401)"。

2013 年钱顺卓报销的火车票总计金额公式为"＝SUMIFS(费用报销管理!G3:G401,费用报销管理!B3:B401,"钱顺卓",费用报销管理!F3:F401,"火车票")"。

2013 年差旅费用金额中,飞机票占所有报销费用的比例公式为"＝SUMIF(费用报销管理!F3:F401,"飞机票",费用报销管理!G3:G401)/SUM(费用报销管理!G3:G401)"。

"费用报销管理"工作表完成后效果如图 2-89 所示。"差旅成本分析报告"工作表完成后效果如图 2-90 所示。

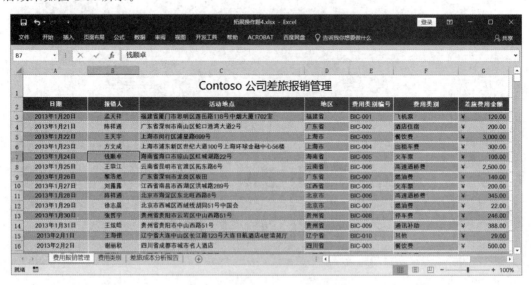

图 2-89 "费用报销管理"工作表

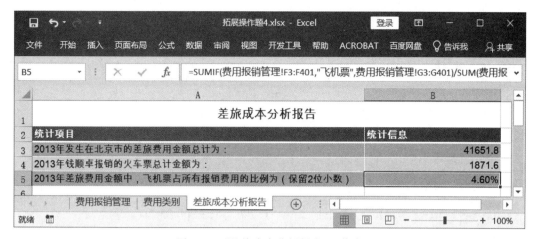

图 2-90 "差旅成本分析报告"工作表

Excel 高级应用

第 3 章   PowerPoint 高级应用

3.1   案例 1   宁波东钱湖简介

【要求】

已准备了一些素材(有东钱湖介绍视频、图片、背景音乐、简介文件、简单的演示文稿文件等),相关素材与演示文稿都放在同一个文件夹中,如图 3-1 所示。

图 3-1   演示文稿相关素材

"宁波东钱湖简介.pptx"演示文稿初始内容如图 3-2 所示。

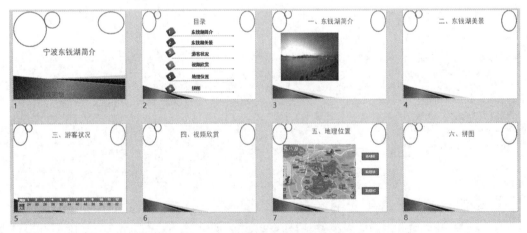

图 3-2   "宁波东钱湖简介.pptx"原始内容

要求修改并完善演示文稿"宁波东钱湖简介.pptx",通过该演示文稿来介绍宁波东钱湖的基本情况。

【知识点】

幻灯片母版、背景音乐、滚动字幕、文本框、图片缩放、动态图表、可控视频、自定义动画（路径）、触发器、插入 An 动画、超链接

【操作步骤】

1. 修改幻灯片母版

（1）打开演示文稿"宁波东钱湖简介.pptx"文件，选择"视图"选项卡"母版视图"组的"幻灯片母版"命令，进入幻灯片母版视图。将光标移到左边母版窗格中，其中第 2 张会出现"标题幻灯片版式：由幻灯片 1 使用"，这张就是标题母版，如图 3-3 所示。

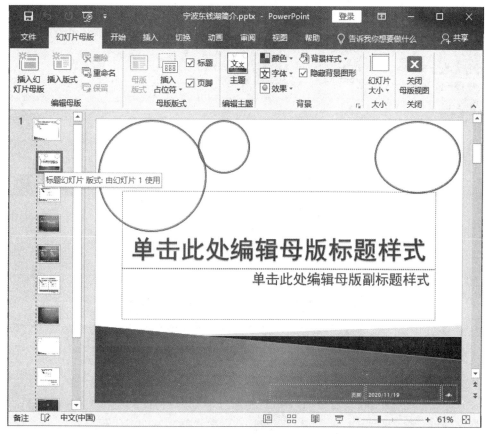

图 3-3　标题母版

（2）右击标题母版其中一个圆或椭圆对象框线，在弹出的快捷菜单中选择"设置形状格式"，弹出"设置形状格式"窗格，单击展开"填充"选项，选中"图片或纹理填充"选项，此时窗格变为"设置图片格式"；再单击"文件"按钮，弹出"插入图片"对话框，选择素材中合适的图片，如图 3-4 所示。

（3）单击"插入"按钮，返回，完成一个对象的图片填充。不用关闭"设置图片格式"窗格，选中另一个圆或椭圆对象，选中"图片或纹理填充"选项，再单击"文件"按钮，完成标题母版中的其他几个对象填充，如图 3-5 所示。

（4）将光标移到左边母版窗格中，其中第 1 张会出现"聚合 备注：由幻灯片 1～8 使用"，这张就是幻灯片母版，同样采用上述方法，依次完成幻灯片母版中的 3 个椭圆对象的填

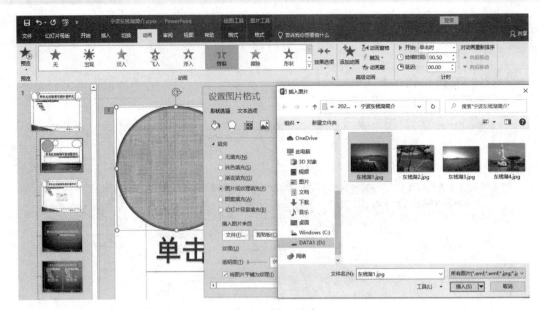

图 3-4　插入图片

图 3-5　标题母版设置

充效果,如图 3-6 所示。

(5) 幻灯片母版中,在最右边插入一个内容为学号和姓名的"竖排文本框";然后将该文本框复制到标题幻灯片中,使得每一张幻灯片在普通视图都会显示学号和姓名。

(6) 选择"幻灯片母版"选项卡"关闭"组的"关闭母版视图"按钮,退出母版视图,至此完成幻灯片母版修改。

2. 加入背景音乐

(1) 切换到普通视图,在幻灯片首页中,选择"插入"选项卡"媒体"组的"音频"|"PC 上的音频"命令,弹出"插入音频"对话框,选择声音文件"一个人的精彩.mp3"插入,此时在幻灯片中会出现小喇叭。

(2) 选择"音频工具"选项卡中"播放"选项,在"音频选项"组的"开始:"下拉列表中选择"自动",并选中"放映时隐藏""循环播放,直到停止""跨幻灯片播放"复选框,如图 3-7所示。

(3) 选择"动画"选项卡"高级动画"组的"动画窗格"命令,显示动画窗格,可以发现多了

图 3-6　幻灯片母版设置

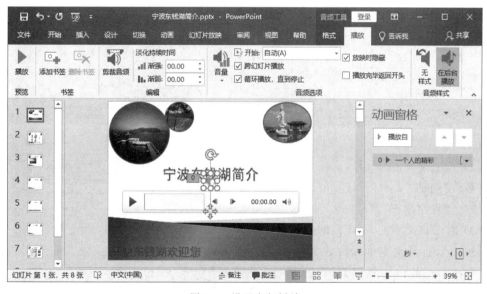

图 3-7　设置音频播放

一项 `0 ▷ 一个人的... ▷`。

3. 滚动字幕制作

（1）将幻灯片首页底部"宁波东钱湖欢迎您"文本框选中。

（2）选择"动画"选项卡"高级动画"组的"添加动画"|"进入"组的"飞入"选项，在动画窗

108

图 3-8 效果选项

格中出现该文字动画"TextBox 4…",单击其右边的下拉箭头 ▾,在出现的下拉菜单中选择"效果选项",如图 3-8 所示。

（3）在出现的"飞入"对话框中,打开"效果"选项卡,"方向"设置为"自右侧";打开"计时"选项卡,"开始"设置为"上一动画之后","期间"设置为"非常慢（5 秒）","重复"设置为"直到下一次单击",如图 3-9 所示。

4. 带滚动条的文本框制作

（1）选择"文件"|"选项",弹出"PowerPoint 选项"窗口,选择"自定义功能区",在"主选项卡"中,选中"开发工具",单击"确定"按钮。

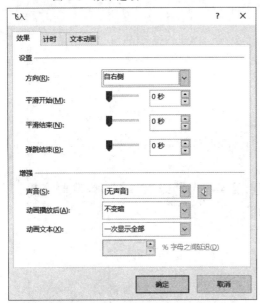 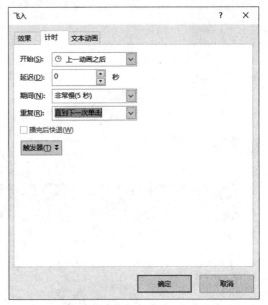

图 3-9 飞入效果设置

（2）选中第 3 张幻灯片,选择"开发工具"选项卡"控件"组的"文本框" ,在幻灯片上拖动拉出一个控件文本框,调整好大小和位置。

（3）右击该文本框,在弹出的快捷菜单中选择"属性表",打开文本框属性设置窗口,把"东钱湖简介.txt"的内容复制到 Text 属性,设置 ScrollBars 属性为 2-fmScrollBarsVertical,设置 MultiLine 属性为 True,如图 3-10 所示。

（4）在普通视图中,该文本框一开始没有滚动条出现,当放映幻灯片时,可以滚动文本框的垂直滚动条,浏览更多的内容,如图 3-11 所示。

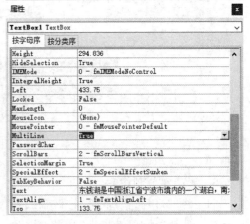

图 3-10 文本框属性设置

一、东钱湖简介

东钱湖是地质时期留下来的海迹湖泊，现为浙江第一大淡水湖，经历代辟湖治理，如今南北长8.5公里，东西宽4.5公里，环湖一周达45公里，水域面积19.14平方千米，约为杭州西湖的三倍，平均水深2.2米，总蓄水量3390万立方米。区域内自然资源丰富，植被种类三百多，山地森林覆盖率92.4%。生态环境优美，湖面开阔，岸线曲折，四周群山环抱，森林苍郁；气候良好，属亚热带季风气候，全年温和湿润，雨量充沛，年平均气温15.4℃。

东钱湖全湖可分为三个部分：其中西湖以师姑山、笠大山为界，称"谷子湖"；东北以湖堤为界，称"梅湖"，此湖已于1961年废湖，建立梅湖农场，其余湖面称为"外湖"，外湖自1976年建成湖塘边后，又分为南、北二部分。三者

图 3-11　文本框的垂直滚动条显示

5. 图片的缩放

(1) 选中第 4 张幻灯片，选择"插入"选项卡"文本"组的"对象"，弹出"插入对象"对话框，"对象类型"选择 Microsoft PowerPoint 97-2003 Presentation，如图 3-12 所示，单击"确定"按钮。

图 3-12　插入对象

(2) 此时会在当前幻灯片中插入一个"PowerPoint 演示文稿"的编辑区域（边线以斜线填充表示），菜单的内容也已经变为编辑区域相应的内容了。选择"插入"选项卡"图像"组的"图片"，在弹出的"插入图片"对话框中，选择打开"东钱湖 1.jpg"，并拖动图片边角做适当放大，使其填充整个编辑区域，如图 3-13 所示。

(3) 单击编辑区域外任意位置，退出编辑状态，拖动并适当调整其边缘大小；按 Ctrl 键，并拖动图片边缘到其他位置，即可复制一个一样的对象，这里复制三个同样的区域。

图 3-13　一个"PowerPoint 演示文稿"的编辑区域

（4）双击选中图片，进入编辑状态，右击，在弹出的快捷菜单中选择"更改图片"，选择其他图片插入。其他 3 幅图片插入完成后如图 3-14 所示，其中第 4 个图处于可编辑状态。

图 3-14　可编辑图

（5）放映第 4 张幻灯片，单击其中的第 3 张图片，可以看到大图效果，如图 3-15 所示。而后，单击大图，回到小图状态。

6. 动态图表制作

（1）选中第 5 张幻灯片，选择"插入"选项卡"插图"组的"图表"，弹出"插入图表"对话

图 3-15　小图到大图效果

框,选择"折线图"中第一个,出现"Microsoft PowerPoint 中的图表"Excel 窗口,删除 Excel 工作表的 3、4、5 行(注意要将这三行整行删除,不要使用 Delete 清除内容)。

(2) 将演示文稿幻灯片中的"月份/游客人次"表格数据复制到 Excel 窗口 A1 开始的区域。

(3) 单击演示文稿图表外框选中图表,选择"图表工具"|"设计"选项卡|"数据"组的"切换行/列"项,使图表图例变成"游客人次",如图 3-16 所示。关闭 Excel 窗口。

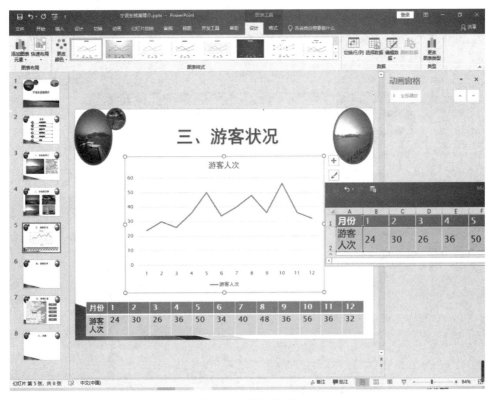

图 3-16　图表数据

(4) 选中图表,选择"图表工具"|"设计"选项卡|"图表布局"组的"添加图表元素"|"坐标轴标题"|"主要横坐标轴",加入横坐标标题"月份"。

（5）选择"图表工具"|"设计"选项卡|"图表布局"组的"添加图表元素"|"坐标轴标题"|"主要纵坐标轴"，加入纵坐标标题"人次（万）"。

（6）单击图表标题部分，将其修改为"各月份游客人次"，如图 3-17 所示。

（7）选中图表，选择"动画"选项卡"高级动画"组的"添加动画"|"进入"组的"擦除"选项，在"动画"窗格中出现该文字动画，单击其右边的下拉箭头，在出现的快捷菜单中选择"效果选项"。

（8）在出现的"擦除"对话框中，打开"效果"选项卡，"方向"设置为"自左侧"；打开"计时"选项卡，"开始"设置为"上一动画之后"，"期间"设置为"非常慢（5 秒）"，"重复"设置为"直到下一次单击"；打开"图表动画"选项卡，"组合图表"设置为"按系列"，取消选中"通过绘制图表背景启动动画效果"复选框，如图 3-18 所示。

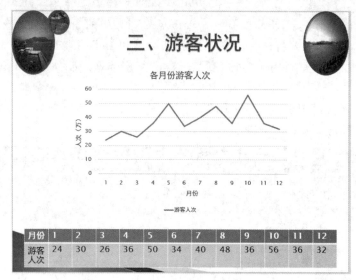

图 3-17 PPT 图表

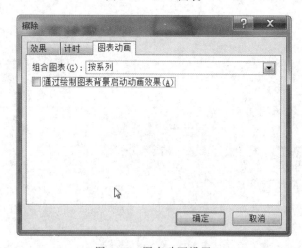

图 3-18 图表动画设置

（9）单击"确定"按钮，一个动态图表设置完成，放映该幻灯片可以看到效果如图 3-19 所示，动态效果周而复始。

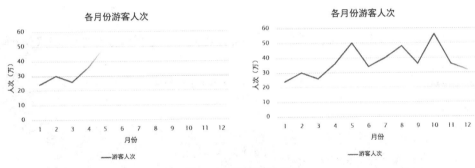

图 3-19　图表动画显示

7. 可控视频制作

（1）选中第 6 张幻灯片,选择"开发工具"选项卡"控件"组的"其他控件"🛠,弹出"其他控件"对话框,如图 3-20 所示,选择 Windows Media Player,单击"确定"按钮。

（2）在幻灯片上拖动拉出一个控件框,调整好大小和位置。右击该框,在弹出的快捷菜单中选择"属性表",打开属性设置窗口。

（3）把 URL 属性设置为要插入视频的路径和包含扩展名的文件名,"D:\2022001\宁波东钱湖简介\东钱湖. WMV"（如果视频 WMV 文件路径不同,则需要调整。也可以将视频文件和演示文稿文件放在同一个文件夹中,这里只要输入"东钱湖. WMV"即可）,如图 3-21 所示。

图 3-20　"其他控件"对话框

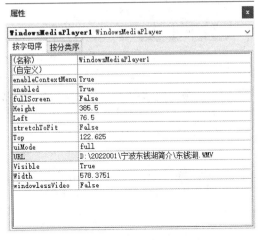

图 3-21　URL 属性

（4）设置 stretchToFit 属性为 True。

（5）放映幻灯片,视频自动开始播放,右击视频播放器弹出如图 3-22 所示的快捷菜单,可以选择"缩放"里的"全屏"进行播放。

8. 自定义动画（路径和触发器）

（1）切换到第 7 张幻灯片,选中地图中的人物 gif 图片,打开"动画"选项卡,单击高级动画组的"添加动画",再选择"动作路径"组的"自定义路径",如图 3-23 所示。

（2）先单击地图中的右下角圆点作为起点,再单击 A 点,然后单击 B 点作为终点,如图 3-24 所示。双击终点,表示自定义路径完成,如图 3-25 所示。

图 3-22　PPT 中播放视频

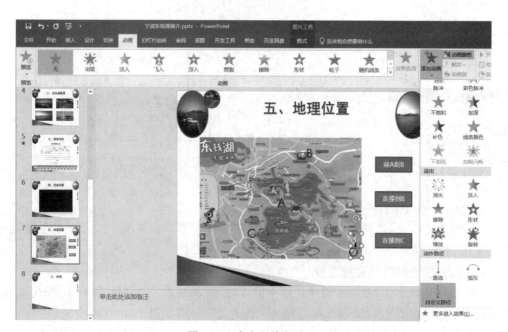

图 3-23　自定义路径动画

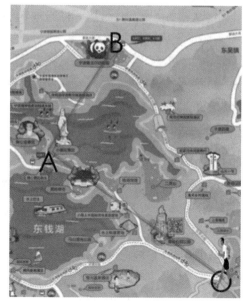

图 3-24　自定义路径设置

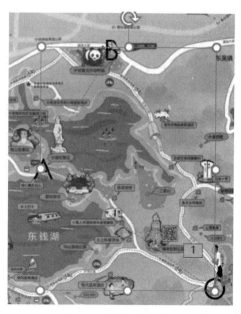

图 3-25　自定义路径完成

（3）在"动画窗格"中，双击新生成的自定义路径动画  ，打开"自定义路径"对话框，打开"计时"选项卡，如图 3-26 所示，"期间"设置为"非常慢（5 秒）"，"重复"设置为"3"，单击"触发器"按钮，然后单击选中"单击下列对象时启动动画效果"单选按钮，在其下拉列表中选择"动作按钮：自定义 4：经 A 到 B"，最后单击"确定"按钮。

图 3-26　"自定义路径"对话框

PowerPoint 高级应用

（4）放映幻灯片，单击"经 A 到 B"动作按钮，人物从 O 出发跑向 A，然后再跑向 B，一共重复循环 3 次，如图 3-27 所示，如果单击其他位置不会出来该效果。

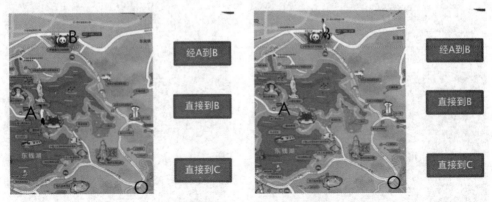

图 3-27　单击"经 A 到 B"动作按钮效果

（5）"直接到 B"和"直接到 C"动作按钮请分别设置完成人物从 O 到 B 及 C 点操作，请参照之前类似的做法，自己完成。设计完成后，路径和"动画窗格"如图 3-28 所示。

图 3-28　路径和"动画窗格"显示

9. 插入 An 动画文件（swf 格式）

（1）切换到第 8 张幻灯片，选择"开发工具"选项卡"控件"组的"其他控件"选项，出现"其他控件"对话框，从列出的 Active X 控件中选中 Shockwave Flash Object 控件选项。

（2）这时，鼠标变成"＋"，在幻灯片中需要插入 An 动画的地方拖动鼠标画出一个框，并调整到合适大小。如果无法插入，提示"此演示文稿中的一些控件无法激活。这些控件可能未在此计算机注册。"错误信息，则需要安装注册表 EnableFlash. reg 和 EnableShockwave. reg。

（3）右击框，在弹出的快捷菜单中选择"属性表"，然后出现 Shockwave Flash1 属性设置对话框，找到 Movie 属性，其后的输入栏中，输入或者复制要插入的 swf 档案的路径和包含 swf 扩展名的文件名，比如"D:\宁波东钱湖简介\拼图. swf"（如果 swf 文件路径不同，则需要调整。也可以将拼图文件和演示文稿文件放在同一个文件夹中,这里只要输入"拼图.swf"即可)。

(4) 放映第 6 张幻灯片,拼图一次。

10. 设置超链接等

(1) 完成第 2 张幻灯片与其他幻灯片之间的链接,使得从目录文字可以链接到其相应内容;

(2) 在其他幻灯片中创建"返回目录"动作按钮,使其超链接到第 2 张幻灯片,保存文档。

3.2　案例 2　计算机基础考试

【要求】

已有 test. accdb 数据库,其中"选择题"文件的表结构内容如图 3-29 所示,表数据内容如图 3-30 所示。

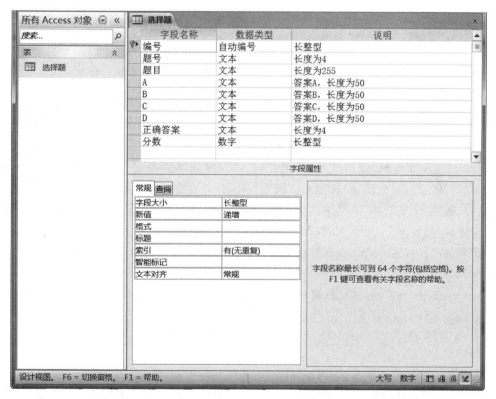

图 3-29　"选择题"表结构

图 3-30　"选择题"表数据

PowerPoint 高级应用

现要求结合 Access 数据库 test.accdb 的"选择题"表,利用 PowerPoint VBA 创建一个"计算机基础考试"系统。

【知识点】

启用宏的 PowerPoint 演示文稿、命令按钮控件、用户窗体、PPT VBA

【操作步骤】

1. 新建启用宏的演示文稿

(1) 打开 PowerPoint 2019 应用程序,将新建的演示文稿文件另存为"计算机基础考试.pptm",保存类型要选择"启用宏的 PowerPoint 演示文稿(*.pptm)",如图 3-31 所示。

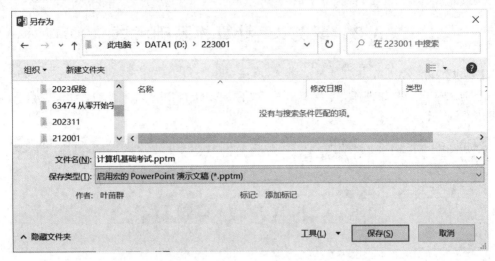

图 3-31　启用宏的 PowerPoint 演示文稿

(2) 在演示文稿"标题幻灯片"标题处输入"计算机基础考试",主题应用选择"画廊";并使用"幻灯片母版"视图,将标题上移到适当位置,并在合适位置插入自己的学号和姓名。

(3) 选择"开发工具"|"控件"组的"命令按钮",插入一个按钮后,右击它,在弹出的快捷菜单中选择"属性表"。出现"属性"窗口,将 Caption 属性设置为"打开考试界面",AutoSize 属性设置为 True,WordWrap 属性设置为 True,并自定义其 Font、Forecolor 等属性,效果如图 3-32 所示。

(4) 双击"打开考试界面"按钮,进入 VBA 代码编辑状态,输入以下代码。

```
Private Sub CommandButton1_Click()
    计算机基础考试.Show          '显示"计算机基础考试"窗体
End Sub
```

2. 建立"计算机基础考试"窗体界面

(1) 在 VBA 编辑窗口中,选择"插入"|"用户窗体",修改该窗体(名称)和 Caption 属性均为"计算机基础考试"。

(2) 根据图 3-33 所示的界面设计"计算机基础考试"窗体:3 个文本框(TextBox1、TextBox2、TextBox3)、2 个标签(Label1、Label2)、5 个命令按钮(CommandButton1、CommandButton2、CommandButton3、CommandButton4、CommandButton5)。

(3) 将 TextBox1、TextBox2 文本框的 MultiLine 属性设置为 True,ScrollBars 属性设置为 3-fmScrollBarsBoth。

图 3-32 创建命令按钮

图 3-33 "计算机基础考试"界面设计

（4）将 Label1、Label2 标签的 Caption 属性分别设置为"答题"和"（请输入答案前面的代码字母）"。

（5）5 个命令按钮的 Caption 属性分别设置为"开始出题"、"递交答案"、"下一题"、"上一题"和"退出"。

（6）在 VBA 编辑窗口中，选择"工具"|"引用"，打开"引用-VBAProject"对话框，在"可使用的引用"列表框中选中 Microsoft Activex Data Objects 2.8 Library（务必打钩）复选框，如图 3-34 所示，再单击"确定"按钮。

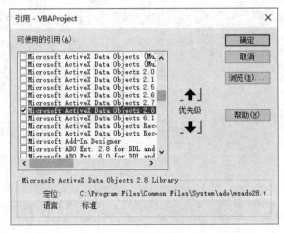

图 3-34 "引用-VBAProject"对话框

3. 窗体代码

（1）双击任意一个控件，打开代码编辑窗口，删除自动产生的代码，输入通用代码，注意不要将代码放入其他任何过程中。

```
Dim setpxp As New ADODB.Recordset
Dim cnnpxp As New ADODB.Connection
Dim constring As String
Dim th, tm, da1, da2, da3, da4, da5 As String
Dim a(50), b(50), c(50)
Dim i, j, row, sum As Integer
```

（2）将 test.accdb 数据库文件复制到 D 盘根目录下，也可以放在学号文件夹原位置，这时需要修改以下代码"d:\test.accdb"为放置 test.accdb 数据库文件的路径和包含扩展名的文件名。"开始出题"按钮代码如下。

```
Private Sub CommandButton1_Click()
constring = "provider = Microsoft.ACE.OLEDB.12.0;" & "data source = " & "d:\test.accdb"
cnnpxp.Open constring
setpxp.Open "选择题", cnnpxp, adOpenStatic, adLockOptimistic
row = 0
With setpxp
    Do While Not .EOF
        row = row + 1
        setpxp.MoveNext
    Loop
End With
setpxp.MoveFirst
If Not setpxp.EOF Then
    i = setpxp("编号"): th = setpxp("题号")
    tm = setpxp("题目")
```

```
    da1 = setpxp("A"): da2 = setpxp("B")
    da3 = setpxp("C"): da4 = setpxp("D")
    a(i) = setpxp("正确答案")
    c(i) = setpxp("分数")
    CommandButton1.Enabled = False
    CommandButton2.Enabled = True
    TextBox3.SetFocus
    If i < row Then
        CommandButton3.Enabled = True
    Else
        CommandButton3.Enabled = False
    End If
    CommandButton4.Enabled = False
    TextBox1.Text = th + ". " + tm
    TextBox2.Text = "答案选项:" & vbCrLf & "A." & da1 & vbCrLf & "B." & da2 & vbCrLf & "C." &
da3 & vbCrLf & "D." & da4
    TextBox3.Text = b(i)
End If
End Sub
```

（3）"递交答案"按钮代码如下。

```
Private Sub CommandButton2_Click()
i = 1
sum = 0
For i = 1 To row
    If UCase(b(i)) = UCase(a(i)) Then
        sum = sum + c(i)
    Else
        MsgBox "第" & i & "题" & ":" & vbCrLf & "你的答案是" & b(i) & vbCrLf & "正确答案是:" &
a(i)
    End If
Next i
MsgBox "统计总分是:" & sum
End Sub
```

（4）"下一题"按钮代码如下。

```
Private Sub CommandButton3_Click() '下一题
setpxp.MoveNext
CommandButton4.Enabled = True
If Not setpxp.EOF Then
    i = setpxp("编号"): th = setpxp("题号")
    tm = setpxp("题目")
    da1 = setpxp("A"): da2 = setpxp("B")
    da3 = setpxp("C"): da4 = setpxp("D")
    a(i) = setpxp("正确答案")
    c(i) = setpxp("分数")
    TextBox1.Text = th + ". " + tm
    TextBox2.Text = "答案选项:" & vbCrLf & "A." & da1 & vbCrLf & "B." & da2 & vbCrLf & "C." &
da3 & vbCrLf & "D." & da4
    TextBox3.Text = b(i)
End If
If i < row Then
    CommandButton3.Enabled = True
Else
```

PowerPoint 高级应用

```
        CommandButton3.Enabled = False
    End If
    TextBox3.SetFocus
End Sub
```

（5）"上一题"按钮代码如下。

```
Private Sub CommandButton4_Click() '上一题
If setpxp.BOF Then
    CommandButton4.Enabled = False
Else
    setpxp.MovePrevious
    CommandButton3.Enabled = True
    If Not setpxp.BOF Then
        i = setpxp("编号"): th = setpxp("题号")
        tm = setpxp("题目")
        da1 = setpxp("A"): da2 = setpxp("B")
        da3 = setpxp("C"): da4 = setpxp("D")
        a(i) = setpxp("正确答案")
        c(i) = setpxp("分数")
        TextBox1.Text = th + ". " + tm
        TextBox2.Text = "答案选项:" & vbCrLf & "A." & da1 & vbCrLf & "B." & da2 & vbCrLf & "C."
& da3 & vbCrLf & "D." & da4
        TextBox3.Text = b(i)
    End If
End If
If i > 1 Then
    CommandButton4.Enabled = True
Else
    CommandButton4.Enabled = False
End If
TextBox3.SetFocus
End Sub
```

（6）"退出"按钮代码如下。

```
Private Sub CommandButton5_Click()
    End
End Sub
```

（7）输入数据时，TextBox3 代码如下。

```
Private Sub TextBox3_Change()
    b(i) = TextBox3.Text
End Sub
```

4. 调试

（1）关闭 VBA 编辑窗口，切换到幻灯片放映视图，单击"打开考试界面"按钮，可弹出"计算机基础考试"窗体，单击"开始出题"按钮，显示第一题，如图 3-35 所示。此时"开始出题"和"上一题"按钮都不可用。

（2）答题文本框可输入答案前面的代码字母（如 D 或 d），大小写均可。

（3）单击"下一题"按钮，进入第 2 题，此时只有"开始出题"按钮不可用，答题后，再单击"下一题"继续答题，如图 3-36 所示。

（4）如果想在第 4 题作答完毕后就结束考试，可以单击"递交答案"按钮，此时会弹出有

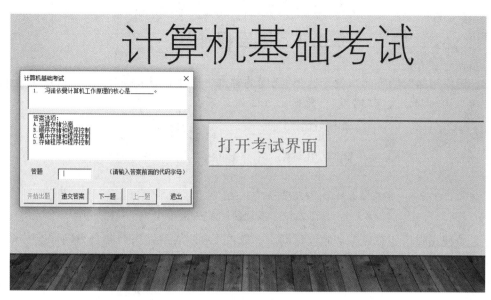

图 3-35 "计算机基础考试"窗体运行

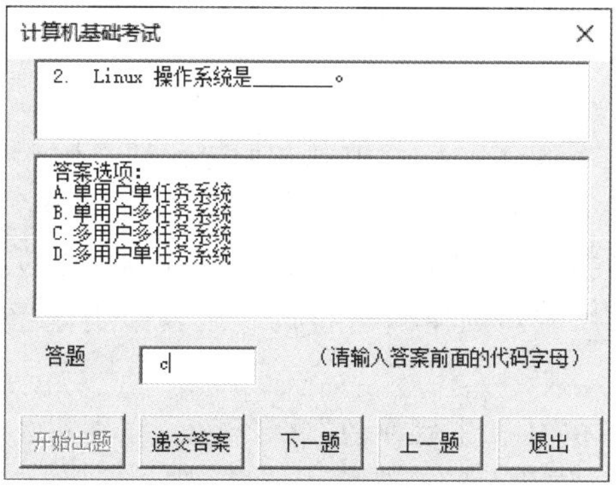

图 3-36 答题界面

错误的答题提示,同时给出正确的答案,再单击"确定"按钮,会出现统计总分提示框,如图 3-37 所示。

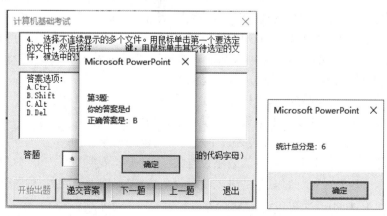

图 3-37 递交后提示出错信息并统计总分

3.3 拓展操作题

1. 请使用触发器等动画设计选择"我国的首都",若单击选择正确,则在选项边显示文字"正确",否则显示文字"错误"。效果如图 3-38 所示。

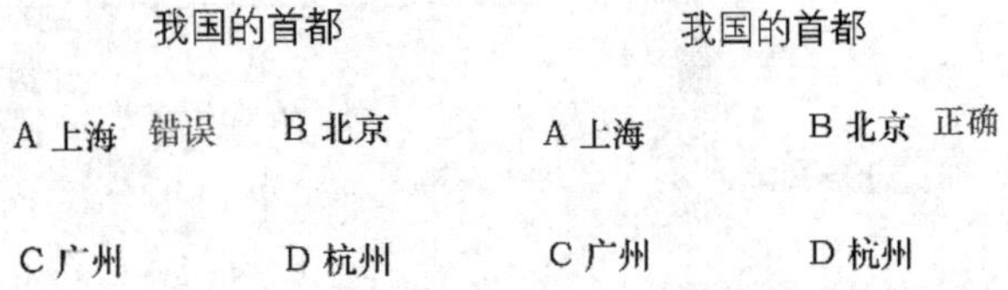

我国的首都   我国的首都

A 上海 错误   B 北京   A 上海   B 北京 正确

C 广州   D 杭州   C 广州   D 杭州

图 3-38 "我国的首都"效果

2. 请使用强调和路径等动画设计同步扩散:圆形四周的箭头向各自方向同步扩散,放大尺寸为 1.5 倍,重复 3 次。注意,圆形无变化。效果如图 3-39 所示。

图 3-39 同步扩散效果

3. 已有 ppt 文档"如何建立卓越的价值观",请完成如下操作。

(1) 主题与配色方案。

① 将第 1 张幻灯片的主题设为"肥皂",其余幻灯片的主题设为"丝状"。

② 对第 2~10 张幻灯片应用的主题进行调整。其中主题字体为"幼圆",主题颜色为"黄色"。

③ 新建主题颜色名称为"张三主题颜色"(张三改为你真实姓名),将超链接颜色改为紫色,已访问的超链接为红色,将此主题颜色应用于第 2~10 张幻灯片。

④ 将第 2 张幻灯片中的"价值观体系"链接到第 7 张幻灯片。

(2) 按照以下要求设置并应用幻灯片的母版。

① 对于首页所应用的标题母版,将其中的标题样式设为"华文隶书,58 号字";母版标题样式下方中间位置插入红色的艺术字(内容为你的姓名和座位号)。

② 对于其他页面所应用的一般幻灯片母版,将其中的标题样式字号设为 48,将其中的各级母版文本样式字号都设为 36;插入当前日期和幻灯片编号,在页脚中插入姓名,将姓名设置成红色、28 磅;并在右上角插入宁波大学校徽。

(3) 设置幻灯片的动画效果,具体要求如下。

① 将首页标题文本的动画方案设置成系统自带的"旋转"效果。

② 针对第 2 张幻灯片,按顺序设置以下的自定义动画效果。

- 将标题内容"内容列表"的进入效果设置成"十字形扩展"。
- 将文本内容"价值观的作用"的进入效果设置成"菱形",并且在标题内容出现 2 秒后自动开始,而不需要单击。
- 按顺序依次将文本内容"价值观与信念的关系""价值观体系""明确现在所持的价值观体系"的进入效果设置成"基本旋转"。

- 将文本内容"价值观的作用"的强调效果设置成"对比色"。
- 将文本内容"价值观与信念的关系"的动作路径设置成"正弦波"。
- 将文本内容"调整你的价值观体系"的退出效果设置成"棋盘"。
- 在页面中添加"后退"与"前进"的动作按钮,当单击按钮时分别跳到当前页面的前一页与后一页,并设置这两个动作按钮的进入效果为同时"圆形扩展"。
- 将"后退"与"前进"动作按钮的强调效果设置成同时"闪烁"。
- 将"后退"与"前进"动作按钮的退出效果设置成同时"下沉"。

（4）按下面要求设置幻灯片的切换效果。

① 设置所有幻灯片之间的切换效果为"缩放"。

② 实现每隔 5 秒自动切换,也可以单击进行手动切换。

（5）按下面要求设置幻灯片的放映效果。

① 隐藏第 4 张幻灯片,使得播放时直接跳过隐藏页。

② 选择前 6 页幻灯片进行循环放映。

（6）将最后一张幻灯片设置动画效果:使得只有单击"升旗"文本框才能使红旗升起,并至杆最高处(杆圆柱下方),单击其他位置不会升起红旗。

4. 文慧是某学校的人力资源培训讲师,负责对新入职的职工进行入职培训,其 PowerPoint 演示文稿的制作水平广受好评。最近,她应北京节水展馆的邀请,为展馆制作一份宣传水知识及节水工作重要性的演示文稿。节水展馆提供的文字资料及素材参见"水资源利用与节水(素材).docx",制作要求如下。

（1）标题页包含演示主题、制作单位(北京节水展馆)和日期(XXXX 年 X 月 X 日)。

（2）演示文稿须指定一个主题,幻灯片不少于 5 页,且版式不少于 3 种。

（3）演示文稿中除文字外要有 2 张以上的图片,并有 2 个以上的超链接进行幻灯片之间的跳转。

（4）动画效果要丰富,幻灯片切换效果要多样。

（5）演示文稿播放的全程需要有背景音乐。

（6）将制作完成的演示文稿以"水资源利用与节水.pptx"为文件名进行保存。

5. 某学校初中二年级五班的物理老师要求学生两人一组制作一份物理课件。小曾与小张自愿组合,他们制作完成的第一章后三节内容见文档"第 3-5 节.pptx",前两节内容存放在文本文件"第 1-2 节.pptx"中。小张需要按下列要求完成课件的整合制作:

（1）为演示文稿"第 1-2 节.pptx"指定一个合适的设计主题;为演示文稿"第 3-5 节.pptx"指定另一个设计主题,两个主题应不同。

（2）将演示文稿"第 3-5 节.pptx"和"第 1-2 节.pptx"中的所有幻灯片合并到"物理课件.pptx"中,要求所有幻灯片保留原来的格式。以后的操作均在文档"物理课件.pptx"中进行。

（3）在"物理课件.pptx"的第 3 张幻灯片之后插入一张版式为"仅标题"的幻灯片,输入标题文字"物质的状态",在标题下方制作一张射线列表式关系图,样例参考"关系图素材及样例.docx",所需图片在考生文件夹中。为该关系图添加适当的动画效果,要求同一级别的内容同时出现、不同级别的内容先后出现。

（4）在第 6 张幻灯片后插入一张版式为"标题和内容"的幻灯片,在该张幻灯片中插入与素材"蒸发和沸腾的异同点.docx"文档中所示相同的表格,并为该表格添加适当的动画效果。

（5）将第4张、第7张幻灯片分别链接到第3张、第6张幻灯片的相关文字上。

（6）除标题页外,为幻灯片添加编号及页脚,页脚内容为"第一章　物态及其变化"。

（7）为幻灯片设置适当的切换方式,以丰富放映效果。

6. 校摄影社团在今年的摄影比赛结束后,希望可以借助 PowerPoint 将优秀作品在社团活动中进行展示。这些优秀的摄影作品保存在考试文件夹中,并以 Photo(1).jpg ～ Photo(12).jpg 命名。

现在,请你按照如下需求,在 PowerPoint 中完成制作工作:

（1）利用 PowerPoint 应用程序创建一个相册,并包含 Photo(1).jpg～Photo(12).jpg 共12幅摄影作品。在每张幻灯片中包含4张图片,并将每幅图片设置为"居中矩形阴影"相框形状。

（2）设置相册主题为考试文件夹中的"相册主题.pptx"样式。

（3）为相册中每张幻灯片设置不同的切换效果。

（4）在标题幻灯片后插入一张新的幻灯片,将该幻灯片设置为"标题和内容"版式。在该幻灯片的标题位置输入"摄影社团优秀作品赏析";并在该幻灯片的内容文本框中输入3行文字,分别为"湖光春色"、"冰消雪融"和"田园风光"。

（5）将"湖光春色"、"冰消雪融"和"田园风光"3行文字转换为样式为"蛇形图片题注列表"的 SmartArt 对象,并将 Photo(1).jpg、Photo(6).jpg 和 Photo(9).jpg 定义为该 SmartArt 对象的显示图片。

（6）为 SmartArt 对象添加自左至右的"擦除"进入动画效果,并要求在幻灯片放映时该 SmartArt 对象元素可以逐个显示。

（7）在 SmartArt 对象元素中添加幻灯片跳转链接,使得单击"湖光春色"标注形状可跳转至第3张幻灯片,单击"冰消雪融"标注形状可跳转至第4张幻灯片,单击"田园风光"标注形状可跳转至第5张幻灯片。

（8）将考试文件夹中的 ELPHRG01.wav 声音文件作为该相册的背景音乐,并在幻灯片放映时即开始播放。

（9）将该相册保存为 PowerPoint.pptx 文件。

7. 请根据提供的素材文件"ppt素材.docx"中的文字、图片设计制作演示文稿,并以文件名 ppt.pptx 存盘,具体要求如下。

（1）将素材文件中每个矩形框中的文字及图片设计为1张幻灯片,为演示文稿插入幻灯片编号,与矩形框前的序号一一对应。

（2）第1张幻灯片作为标题页,标题为"云计算简介",并将其设为艺术字,有制作日期(格式:XXXX年XX月XX日),并指明制作者为"考生XXX"。第9张幻灯片中的"敬请批评指正!"采用艺术字。

（3）幻灯片版式至少有3种,并为演示文稿选择一个合适的主题。

（4）为第2张幻灯片中的每项内容插入超级链接,单击时转到相应幻灯片。

（5）第5张幻灯片采用 SmartArt 图形中的组织结构图来表示,最上级内容为"云计算的5个主要特征",其下级依次为具体的5个特征。

（6）为每张幻灯片中的对象添加动画效果，并设置3种以上幻灯片切换效果。

（7）增大第6～8页中图片显示比例，达到较好的效果。

8. 为进一步提升北京旅游行业整体队伍素质，打造高水平、懂业务的旅游景区建设与管理队伍，北京旅游局将为工作人员进行一次业务培训，主要围绕"北京主要景点"进行介绍，包括文字、图片、音频等内容。请根据素材文档"北京主要景点介绍-文字.docx"，帮助主管人员完成制作任务，具体要求如下。

（1）新建一份演示文稿，并以"北京主要旅游景点介绍.pptx"为文件名保存到考生文件夹下。

（2）第1张标题幻灯片中的标题设置为"北京主要旅游景点介绍"，副标题为"历史与现代的完美融合"。

（3）在第1张幻灯片中插入歌曲"北京欢迎你.mp3"，设置为自动播放，并设置声音图标在放映时隐藏。

（4）第2张幻灯片的版式为"标题和内容"，标题为"北京主要景点"，在文本区域中以项目符号列表方式依次添加下列内容：天安门、故宫博物院、八达岭长城、颐和园、国家体育场（鸟巢）。

（5）自第3张幻灯片开始按照天安门、故宫博物院、八达岭长城、颐和园、国家体育场（鸟巢）的顺序依次介绍北京各主要景点，相应的文字素材"北京主要景点介绍-文字.docx"以及图片文件均存放于考生文件夹下，要求每个景点介绍占用一张幻灯片。

（6）将最后一张幻灯片的版式设置为"空白"，并插入艺术字"谢谢"。

（7）将第2张幻灯片列表中的内容分别超链接到后面对应的幻灯片，并添加返回到第二张幻灯片的动作按钮。

（8）为演示文稿选择一种设计主题，要求字体和整体布局合理、色调统一，为每张幻灯片设置不同的幻灯片切换效果以及文字和图片的动画效果。

（9）除标题幻灯片外，其他幻灯片的页脚均包含幻灯片编号、日期和时间。

（10）设置演示文稿放映方式为"循环放映，按Esc键终止"，换片方式为"手动"。

第二部分
多媒体软件高级应用

第4章 Photoshop 图像编辑与处理

4.1 案例1 快乐小天使

【要求】

已有 girl1.jpg～girl4.jpg 图片文件和"背景.jpg"文件，如图 4-1 所示。

girl1.jpg　　girl2.jpg　　girl3.jpg　　girl4.jpg　　背景.jpg

图 4-1　"快乐小天使"素材

现要求将各个小女孩抠图并组合在背景图片中，并加上"快乐小天使"路径文字，最终效果如图 4-2 所示。

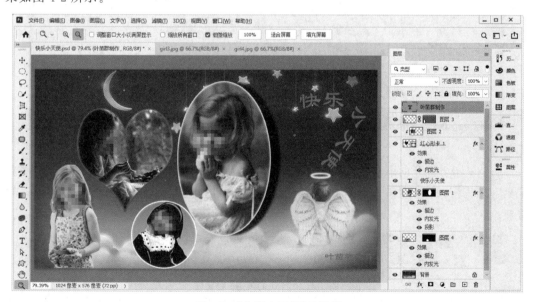

图 4-2　"快乐小天使"效果图

【知识点】

移动工具、自定形状工具、修补工具、钢笔工具、图层蒙版、剪贴蒙版、矢量蒙版、图层样式、路径文字输入、其他 Photoshop 工具

【操作步骤】

1. 修补工具处理背景图片

（1）打开 Adobe Photoshop 应用程序，选择"文件"|"打开"命令，出现"打开"对话框，如图 4-3 所示。选择"快乐小天使"文件夹下所有的图片文件"背景.jpg"、girl1.jpg、girl2.jpg、girl3.jpg、girl4.jpg，单击"打开"按钮。这样这几幅图片都被打开到 Photoshop 窗口了。

图 4-3　"打开"对话框

（2）单击已打开的图片 背景.jpg ，使得当前窗口为背景图片窗口。单击工具箱中的"缩放工具"按钮 ，标题栏下方出现该工具的"选项"属性，如图 4-4 所示。单击"适合屏幕"按钮。

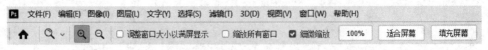

图 4-4　"缩放工具"选项属性

（3）此时 Photoshop 界面如图 4-5 所示。观察到图片下方有该图片下载网站的一些信息，接下来将这些信息去除。

（4）单击工具箱中的"修补工具"按钮 修补工具，拖动鼠标环绕着要删除的信息"昵图网……"画一个圆圈，释放鼠标，出现要修补的区域，如图 4-6 所示。

图 4-5　Photoshop 界面

图 4-6　修补的区域

（5）拖动选中的修补选区到图右边（右边的内容为目标信息），如图 4-7 所示。释放鼠标，左边部分区域被替换成了右边内容。

图 4-7　一个修补区域完成

（6）使用同样的方法，修补图中其他不需要的信息。此时背景图片处理完毕，如图 4-8 所示。使用"文件"|"存储为"菜单，将图片文件保存为"快乐小天使.jpg"。

2. 图层蒙版

（1）单击窗口中的 girl1.jpg 图片文件，按 Ctrl＋A 组合键全选图片，单击工具箱中的"移动工具"按钮 ⊕ 移动工具，拖动 girl1.jpg 图片到"快乐小天使"图片中。观察"图层"面板，多了"图层 1"图层。

（2）选择"编辑"|"自由变换"（或者按 Ctrl＋T 组合键），图片出现 8 个控点，拖动四角其中一个控点，适当缩小图片。

图 4-8　修补全部完成

（3）将鼠标移向四角，当光标变成 ⤢ 时，拖动鼠标适当旋转图片。单击菜单下面"选项"窗口中的"提交变换"按钮 ✔（或者按 Enter 键），完成变换。

（4）单击工具箱中的"椭圆选框工具"按钮 ⬭ 椭圆选框工具，拖动选择小女孩部分图片，虚线椭圆部分就是选中部分，如图 4-9 所示。可以通过"选择"|"变换选区"来重新调整已选定的内容。

图 4-9　椭圆选框选取

（5）单击"图层"面板中的"添加图层蒙版"按钮 ▣ 。此时"图层"面板和图片效果如图 4-10 所示。椭圆以外的部分已经隐藏起来。

图 4-10　图层蒙版效果

图层蒙版中的黑色表示本图层的透明部分,本图层黑色区域被蒙版蒙住显示不出来;白色表示图层的不透明部分,本图层白色区域照原样显示。

3. 剪贴蒙版

(1) 单击"图层"面板中的"创建新图层"按钮 ⊞ ,此时图层 2 出现在图层 1 上方。

(2) 单击工具箱中的"自定形状工具"按钮 🖈自定形状工具 ,选项属性 "选择工作模式"设置为"形状","形状:"设置为"红心形卡" 💙 (如果没有该形状,请使用"导入形状"导入),如图 4-11 所示。在图中拖动鼠标,画上一个心形形状。此时图层 2 变成了"红心形卡 1"图层。

图 4-11　插入"自定形状工具"

(3) 单击窗口中打开着的 girl2.jpg 图片文件,按 Ctrl+A 组合键全选图片后,按 Ctrl+C 组合键复制图片。单击"快乐小天使"图片,按 Ctrl+V 组合键将 girl2.jpg 图片复制过来。观察"图层"面板,多了"图层 2"图层。

(4) 按 Ctrl+T 组合键,适当缩小图片,使图片与心形基本吻合;右击图片,在弹出的快捷菜单中选择"水平翻转",按 Enter 键确定翻转图片。

(5) 右击图层面板中"图层 2",在弹出的快捷菜单中选择"创建剪贴蒙版"。选中"图层2",单击工具箱中的"移动工具"按钮适当移动心形中的图片。如果要一起移动图片和心形形状,就需要用 Ctrl 键同时选中"图层 2"和"红心形卡 1"图层,才可以移动。此时图片和"图层"面板如图 4-12 所示。

(6) 选择"文件"|"存储为",将图片文件保存为"快乐小天使. psd"。

4. 矢量蒙版

(1) 将窗口中的 girl3.jpg 图片复制到"快乐小天使"图片左下角中,生成"图层 3"图层。按 Ctrl+T 组合键,适当缩小图片。

(2) 使用缩放工具 🔍 (也可以通过按 Alt 键+滚动鼠标)放大图片显示,再使用"抓手工具"按钮 ✋ (也可以按空格键)或者使用"窗口"|"导航器",使 girl3.jpg 图片尽量显示到屏幕最大。

(3) 单击工具箱中的"钢笔工具"按钮 🖊钢笔工具 ,选项属性 "选择工作模式"设置为"路径",绕着 girl3.jpg 图片女孩周围多次单击鼠标,直到完成封闭图形,如图 4-13 所示,这样

Photoshop 图像编辑与处理

图 4-12　图片和"图层"面板显示

就完成了女孩图路径的创建。如果对路径不甚满意，可以使用"直接选择工具" ![直接选择工具] ，单击路径后，拖动实心的锚点进行调整。

图 4-13　钢笔工具创建路径

（4）选择"图层"|"矢量蒙版"|"当前路径"（或者单击"钢笔工具"选项属性中的"蒙版"选项，创建了图层 3 矢量蒙版。选择"路径"面板，单击"将路径作为选区载入"按钮 ⊙，按 Ctrl＋D 组合键取消选区。

（5）使用缩放工具 🔍 缩小图片显示，此时"图层"面板、"路径"面板和图片效果如图 4-14 所示，此时单击图层 3 右边的"矢量蒙版缩览图"后，也可以使用"直接选择工具"进行调整。

图 4-14　矢量蒙版效果

5. 图层样式

（1）在"图层"面板中，单击选择"背景"图层。单击工具箱中的"椭圆选框工具"按钮 ◯ 椭圆选框工具 ，按 Shift 键并拖动到背景中下方位置绘制一个正圆。

（2）全选并复制窗口中的 girl4.jpg 图片后，在"快乐小天使"图片中，选择"编辑"|"选择性粘贴"|"贴入"，在背景层上方生成了"图层 4"图层。按 Ctrl＋T 组合键，利用变换缩小图片。效果如图 4-15 所示。

图 4-15　选择性粘贴效果

思考一下这种使用选择性粘贴/贴入的方法实质上是使用上述哪种蒙版？

（3）选择"图层 4"图层，选中"图层"面板中的"添加图层样式"按钮 **fx**，在弹出的快捷菜单中选择"描边"，弹出"图层样式"对话框，描边大小选择 3 像素，位置为外部，混合模式为正常，不透明度为 100％，颜色选择白色（rgb:255,255,255），同时选中"内发光"复选框，如图 4-16 所示。

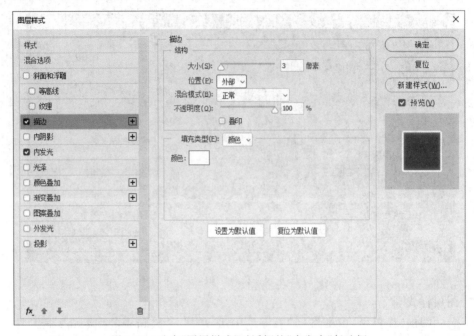

图 4-16　选中"图层样式"对话框的"内发光"复选框

（4）选择"红心形卡 1"图层，选中"图层"面板中的"添加图层样式"按钮 **fx**，在弹出的快捷菜单中选择"描边"，打开"图层样式"对话框，描边颜色选择红色（rgb:255,0,0），同时选中"内发光"复选框。

（5）选择"图层 1"图层，选中"图层"面板中的"添加图层样式"按钮 **fx**，在弹出的快捷菜单中选择"投影"，弹出"图层样式"对话框，混合模式为正片叠底，不透明度为 75％，投影角度 180°，距离 30px；单击"描边"选项进行设置，描边颜色选择黄色（rgb:255,255,0），同时选中"内发光"复选框，如图 4-17 所示。

6. 路径文字输入

（1）将光标移向背景图右上角，单击工具箱中的"钢笔工具"按钮，如图 4-18(a)所示，鼠标先单击①点，再单击②点并不要松开鼠标，拖动鼠标，沿箭头方向拖动到③点，松开鼠标；如图 4-18(b)所示，再单击④点，按 Esc 键结束钢笔路径绘制。

（2）单击工具箱中的"横排文字工具"按钮 **T 横排文字工具**，如图 4-19(a)所示，光标指向路径左上角起点附近，当光标变成 工 时，单击鼠标；如图 4-19(b)所示，输入文字"快乐小天使"，文字会沿着钢笔路径输入，选中文字设置字体为隶书，大小为 68 点，字体颜色为（rgb:255,100,100）。

（3）选择"路径"面板，单击"将路径作为选区载入"按钮，按 Ctrl＋D 组合键取消选区。

（4）新建一图层，在图片可视处输入学号和姓名，以后所有案例均要求显示学号和姓

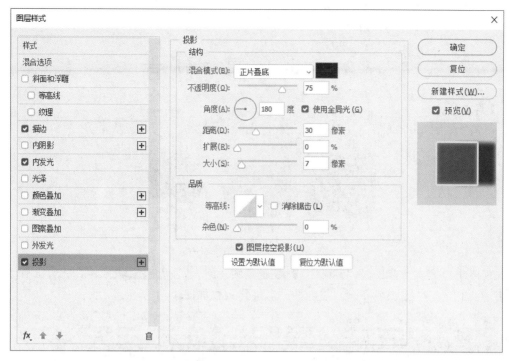

图 4-17　选中"图层样式"对话框的"投影"复选框

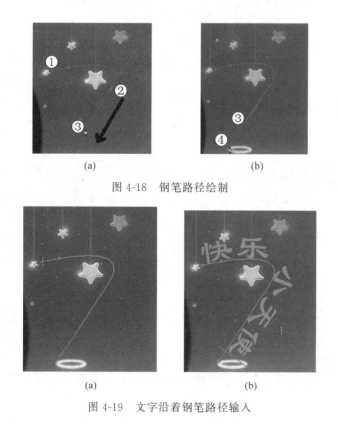

(a)　　　　　　　　　　(b)

图 4-18　钢笔路径绘制

(a)　　　　　　　　　　(b)

图 4-19　文字沿着钢笔路径输入

第
4
章

Photoshop 图像编辑与处理

名。试着选择各图层并移动至合适位置。

(5) 存储"快乐小天使.psd"文件,并另存为 JPG 文件。

4.2 案例 2 显示器广告

【要求】

已有"大海.jpg""海豚.jpg""显示器.jpg"图片文件,如图 4-20 所示。

图 4-20 "显示器广告"素材

现要求以大海为背景,将海豚图片与显示器图片组合,让人感觉海豚要从显示器中跳跃出来,并加上文字"虚拟视界"和"任屏冲击",最终效果如图 4-21 所示。

图 4-21 "显示器广告"效果图

【知识点】

魔棒工具、钢笔工具、渐变工具、油漆桶工具、矢量蒙版、不透明度调整、文字蒙版

【操作步骤】

1. 魔棒工具与自由变换

（1）启动 Photoshop 应用程序，打开素材"显示器广告"文件夹中的"大海.jpg""海豚.jpg""显示器.jpg"图片文件。

（2）切换到"显示器.jpg"图片，选择"魔棒工具"按钮 🪄 魔棒工具 ，"选项"属性处"容差"设置为 10，单击显示器外纯白色区域，此时纯白色区域将全部被选中。

（3）选择"选择"|"反选"，这样就选中了显示器部分，按 Ctrl＋C 组合键复制选中内容。

（4）切换到"大海.jpg"图片，按 Ctrl＋V 组合键将显示器粘贴过来，生成"图层 1"图层。按 Ctrl＋T 组合键，选项属性处 W 和 H 设置为 140%，将显示器放到大海图片右下角位置。

（5）将"海豚.jpg"图片也复制到"大海.jpg"中，生成"图层 2"图层。将图层 2"不透明度"设置为 70%，调整位置和大小，如图 4-22 所示。调整不透明度是为了能够看清楚下面显示器图层，方便之后选取。注意要将海豚图覆盖显示器图片的显示屏部分，并保留海豚头略超出显示器，这是为了突出显示器画面的逼真效果，让人感觉海豚要从显示器中跳跃出来。

图 4-22　海豚图覆盖显示屏

2. 钢笔工具与矢量蒙版

（1）单击工具箱中的"钢笔工具"，在工具选项栏中设置"选择工作模式"为"路径"，"路径操作"为"合并形状" 🔲 合并形状 。

（2）单击显示器图的显示屏右下角位置，从该位置开始，沿顺时针方向单击锚点选择路

径,基本上沿着显示屏即可,但要注意的是处于显示屏外的海豚身体部分也要选取在内,钢笔路径如图 4-23 所示,返回到起点,闭合路径。

图 4-23 "钢笔工具"选取区域

(3)选择"图层"|"矢量蒙版"|"当前路径",创建图层 2 矢量蒙版。

(4)将图层 2"图层"面板中的"不透明度"恢复为 100%。此时显示器与海豚图基本操作完毕,如图 4-24 所示。

图 4-24 显示器与海豚图

3. 文字蒙版与渐变工具

（1）单击工具箱中的"直排文字蒙版工具" 直排文字蒙版工具，选项中设置字体为"华文琥珀"，大小为 22 点，单击图片左边区域，此时图片变成红色半透明显示状态（也就是快速蒙版状态），输入"任屏冲击"文字，单击工具选项中的"提交所有当前编辑"按钮 ✔。这时文字为虚线选中状态，图片恢复正常。

（2）单击"图层"面板的"创建新图层"按钮，创建"图层 3"图层。

（3）单击工具箱中的"渐变工具" 渐变工具，在工具选项下拉列表中单击"渐变"拾色器，选择"紫色-18"，沿着"任屏冲击"文字从上到下拖动鼠标，这样完成了给文字填充渐变色，此时图层和文字如图 4-25 所示。按 Ctrl＋D 组合键取消选择。

图 4-25　渐变工具填充文字

（4）新建"图层 4"，单击工具箱中的"横排文字蒙版工具" 横排文字蒙版工具，选项中设置字体为"华文琥珀"，大小为 22 点，单击上方输入"虚拟视界"文字，单击工具选项中的"提交所有当前编辑"按钮 ✔。这时文字为虚线选中状态。

（5）单击工具箱中的"油漆桶工具" 油漆桶工具，工具选项中的"设置填充区域的源"设置为"图案"，图案样式设置为"草-游猎"，单击"虚拟视界"文字，这样完成了给文字填充图案。按 Ctrl＋D 组合键取消选择。

（6）参照最终效果，用"移动工具"移动各图层到合适位置，注意图层 1 和图层 2 务必要一起选中后同时移动，将图片另存为"显示器广告.psd"。

4.3 案例 3 特效边框

【要求】

为女孩图片制作特效边框,最终效果如图 4-26 所示,边框部分为黄色。

图 4-26 "特效边框"效果

【知识点】

快速蒙版、滤镜、路径选区转化

【操作步骤】

1. 快速蒙版

(1) 用 Photoshop 打开素材"女孩.jpg",如图 4-27 所示。

图 4-27 女孩原图

（2）双击"图层"面板中的背景层，弹出"新建图层"对话框，如图4-28所示，单击"确定"按钮，将背景层转换为普通层"图层0"。

（3）选择"图像"|"画布大小"，弹出"画布大小"对话框。选中"相对"复选框，宽度和高度都设置为1厘米，如图4-29所示，单击"确定"按钮。此时在图像周围拓宽了1cm的透明边缘。

图4-28　转换背景层为普通图层　　　　　图4-29　"画布大小"对话框

（4）单击选择工具箱中的"矩形工具"■，将"选择工作模式"设置为"路径"，沿图像（不含拓展部分）边缘拖动鼠标画出一个矩形区域。单击"路径"面板中的"将路径作为选区载入"按钮⬚，创建矩形选区，如图4-30所示。

图4-30　创建矩形选区

（5）单击工具箱底部"以快速蒙版模式编辑"按钮 ⬚ ，将所选区域转换为蒙版状态，此时图片周围拓展部分显示为红色半透明。

Photoshop图像编辑与处理

2. 滤镜

(1) 选择"滤镜"|"像素化"|"彩色半调"命令,弹出"彩色半调"对话框。设置"最大半径"为 20px,其他默认,如图 4-31 所示,单击"确定"按钮。

图 4-31　设置最大半径

(2) 选择"滤镜"|"像素化"|"碎片"命令,对当前蒙版进行碎片处理。

(3) 选择"滤镜"|"锐化"|"锐化"命令,对当前蒙版进行锐化处理。再执行"滤镜"|"锐化"命令 2 次。

(4) 单击工具箱中"以标准模式编辑"按钮,将蒙版转换为选区,此时红色半透明状消失。选择"选择"|"反选"命令,反向选择选区。按 Delete 键删除选区内的图像,注意只是边缘部分图像删除。

(5) 利用"颜色"面板将背景色(工具箱中的 ![按钮]按钮,显示在前面的为前景色,后面的为背景色)设置为黄色(255,255,0),按 Ctrl+Backspace 组合键,将选区内的颜色填充为黄色;也可以通过将前景色设置为黄色(255,255,0),按 Alt+Delete 组合键,使选区内的颜色填充为黄色。

(6) 按 Ctrl+D 组合键取消选区,即可得到最终的边框特效。保存为"特效边框.psd"文档。

4.4　案例 4　雨景

【要求】

为"小镇风景"图片制作雨景效果,最终效果如图 4-32 所示。

图 4-32　雨景效果

【知识点】

图层混合模式、滤镜、图像调整

【操作步骤】

1. 图像调整

（1）打开素材中"小镇风景"图像，如图4-33所示。

图4-33 "小镇风景"原图

（2）在"图层"面板中，右击背景层，在弹出的快捷菜单中选择"复制图层"，弹出"复制图层"对话框，如图4-34所示，单击"确定"按钮。

图4-34 "复制图层"对话框

（3）选择"滤镜"|"像素化"|"点状化"命令，弹出"点状化"对话框，设置"单元格大小"为3，如图4-35所示，单击"确定"按钮。

（4）选择"图像"|"调整"|"阈值"命令，弹出"阈值"对话框，设置"阈值色阶"为227（数据可以根据效果调整），如图4-36所示，单击"确定"按钮。

2. 图像混合模式

（1）选择"图层"面板中的"设置图层的混合模式"下拉列表框（位于图层面板左上角，一开始显示"正常"）为"滤色"。

图 4-35 "点状化"对话框

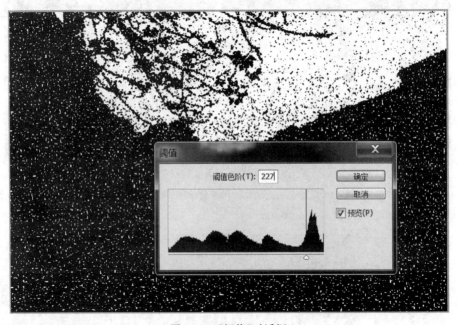

图 4-36 "阈值"对话框

（2）选择"滤镜"|"模糊"|"动感模糊"命令，弹出"动感模糊"对话框，设置"角度"为80°，"距离"为28px，单击"确定"按钮。

（3）选择"滤镜"|"锐化"|"USM 锐化"命令，弹出"USM 锐化"对话框，设置"数量"为500%，"半径"为0.5px，单击"确定"按钮。

（4）保存为"雨景效果.psd"文档。

4.5 案例5 动态水波

【要求】

已有"鱼1.jpg"～"鱼4.jpg"和"鱼缸.jpg"图片文件，如图4-37所示。

鱼1.jpg　　　鱼2.jpg　　　鱼3.jpg　　　鱼4.jpg　　　鱼缸.jpg

图4-37　"动态水波效果"素材

现要求先将鱼缸图片裁剪,再以鱼缸图片为背景,将各条鱼通过各种工具放入鱼缸中,并做动态水波效果,最终效果如图4-38所示。

图4-38　动态水波效果

【知识点】

仿制图章工具、修复画笔工具、裁剪工具、魔棒工具、模糊工具、液化、羽化、变形、形状、图层混合模式、Photoshop动画

【操作步骤】

1. 鱼缸图片处理

(1) 打开素材"鱼缸"图片文件,单击工具箱中的"裁剪工具"按钮 ⯃ 裁剪工具 ,在"鱼缸.jpg"图片中拖动选择中间部分,松开鼠标后,也可以拖动控点重新调整裁剪区域(如图4-39所示)。单击工具选项中的"提交当前裁剪操作"按钮 ✔ ,完成裁剪操作。保存"鱼缸"图片文件。

(2) 打开图片"鱼1.jpg""鱼2.jpg""鱼3.jpg""鱼4.jpg"。

(3) 单击打开的图片"鱼1.jpg",采用魔棒工具选中黑色区域,然后反向选择,即可选中鱼。使用"移动工具"将选中的鱼图片拖动到"鱼缸"图片中,生成"图层1"图层。将该图层中的鱼进行自由变换、变形、水平翻转等操作,使鱼1与鱼缸图片中的鱼大小相当,放在鱼缸右中部合适位置。

(4) 单击工具箱中的"模糊工具" ◌ 模糊工具 ,拖动鼠标在"图层1"鱼1四周涂抹,将鱼1边缘模糊化。

(5) 单击打开图片"鱼2.jpg",采用魔棒工具选中白色区域,然后反向选择,即可选中鱼。使用"移动工具"将选中的鱼图片拖动到"鱼缸"图片中,生成"图层2"图层。将该图层鱼进行自由变换操作,使鱼2与鱼缸图片中的鱼大小相当,放在鱼缸左下部合适位置。

图 4-39　裁剪区域

（6）单击工具箱中的"移动工具"，按住 Alt 键，同时拖动鱼 2 到其右边一点，即完成复制鱼 2 操作，同时生成"图层 2 拷贝"图层。

2．修复画笔工具

（1）单击打开的图片"鱼 3.jpg"，选择魔棒工具，在工具选项中选中"添加到选区"选项，单击选中各白色区域。

（2）选择工具箱中的"快速选择工具"，在工具选项中选中"添加到选区"选项，拖动鼠标选中左下角文字部分。

（3）反向选择，即可只选中鱼。使用"移动工具"将选中的鱼图片拖动到鱼缸图片中，生成"图层 3"图层。将该图层鱼进行自由变换、旋转等操作，放在鱼缸左中部合适位置。

（4）单击工具箱中的"修复画笔工具"，按住 Alt 键，单击"图层 3"鱼 3 中间部分一点（如图 4-40(a)图所示，鱼身的图标 ⊕ 就是单击位置，也是复制源部分），光标定位到图左下角合适位置开始拖动鼠标涂抹即可完成部分图片的复制，如图 4-40(b)图所示。

3．仿制图章工具

（1）单击打开的图片"鱼 4.jpg"，采用磁性套索工具来选择：单击工具箱中"磁性套索工具"按钮 磁性套索工具，单击鱼身边沿一点，光标慢慢沿着鱼边沿移动，如果偏离了鱼身可以采用单击鼠标来定位，如果想要删除返回可以按 Delete 键，当形成闭合路径时，则磁性套索选择结束。如图 4-41 所示，(a)图为套索过程，(b)图为套索结束后自动闭合选择区域。

（2）使用移动工具将选中的鱼图片拖动到鱼缸图片中，生成"图层 4"图层。将该图层鱼进行自由变换、旋转等操作，放在鱼缸中上部合适位置。将"图层 4"混合模式设置成"点光"。

（3）单击工具箱中的"仿制图章工具" 仿制图章工具，按 Alt 键，单击"图层 4"鱼 4 中间

(a)   (b)

图 4-40   "画笔修复工具"运用

(a)   (b)

图 4-41   套索过程和套索结束

部分一点。新建"图层 5"图层,到图中部合适位置开始拖动鼠标涂抹即可完成图片的部分复制。

（4）适当放大"图层 5"中的鱼,将"图层 5"混合模式设置成"排除",产生让鱼儿到水泡后面的效果。

4. 保存图片

（1）选择"文件"|"存储为"命令,保存图片为"鱼缸.psd"。此时各个图层都是可以修改的。图层和图片效果如图 4-42 所示。

图 4-42   图层和图片效果

Photoshop 图像编辑与处理

（2）选择"文件"|"存储为"命令，保存图片为"动态水波效果.jpg"，文件格式改为 JPG。此图片格式不再保留图层信息，所有图层合并到背景层。

（3）选择"文件"|"关闭全部"命令，关闭打开的所有图片文件。

5. 同心圆环制作

（1）新建一个 20cm×18cm（宽度 20cm、高度 18cm）、分辨率为 72ppi 的"同心圆环"白色背景文档。

图 4-43　新建参考线

（2）选择"视图"|"新建参考线"命令，弹出"新建参考线"对话框，垂直方向位置为 10cm，如图 4-43 所示，单击"确定"按钮。另新建水平方向参考线为 9cm，形成一个交叉点，可作为同心圆圆心的位置。

（3）单击工具箱"默认前景色和背景色"按钮 ，自动将前景色设置为黑色，背景色设置为白色。

（4）选择"编辑"|"填充"命令，弹出"填充"对话框，填充内容使用前景色，单击"确定"按钮后，文档背景色被设置为黑色；上述设置操作也可以按 Alt+Delete 组合键将文档背景色设置为黑色。

（5）单击工具箱"切换前景色和背景色"按钮 ，此时前景色为白色，背景色为黑色。

（6）单击工具箱"椭圆工具"按钮，工具选项中"选择工作模式"选中"形状"，按 Shift 键，在文档中拖动，绘制覆盖文档的白色正圆。按 Ctrl+T 组合键，使白色圆处于变换状态，拖动圆四角边缘控点，使白色圆等比例放大或缩小；移动圆，使圆心正好处在参考线交点，如图 4-44 所示，此时生成了"椭圆 1"图层，按 Enter 键确认变换。

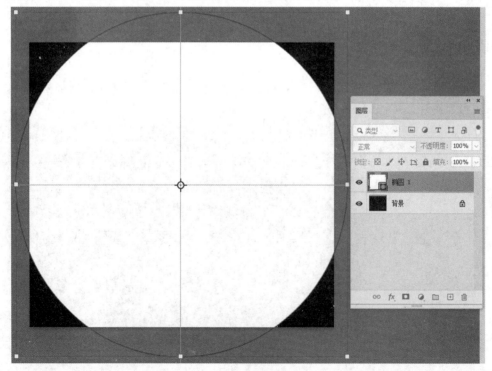

图 4-44　画圆

（7）单击工具箱"默认前景色和背景色"按钮 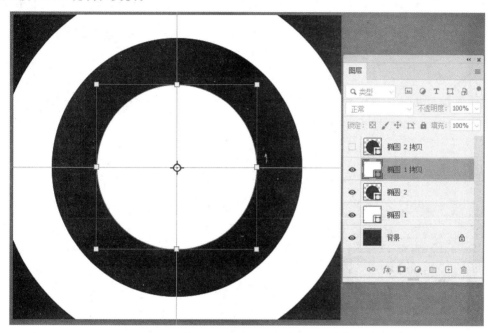，前景色设置为黑色，再新建图层 1。使用"椭圆工具"按钮，按 Shift 键，在文档中拖动，绘制比上一步圆小一点的同心黑色圆，按 Ctrl＋T 组合键调整黑色圆大小及位置。此时图层 1 变成了"椭圆 2"图层。

（8）按 Ctrl 键同时选中"椭圆 1"和"椭圆 2"图层，右击后选择"复制图层"。出现"复制图层"对话框，单击"确定"按钮，生成"椭圆 1 拷贝"和"椭圆 2 拷贝"图层。单击"椭圆 2 拷贝"图层前面的 按钮，暂时隐藏该图层。

（9）单击"椭圆 1 拷贝"图层，按 Ctrl＋T 组合键使其处于变换状态；按住 Alt 键（保证中心点不变）同时拖动圆四角边缘控点，使白色圆等比例中心点不变地缩小变换圆，如图 4-45 所示，按 Enter 键确认变换。

图 4-45　画同心圆 3

（10）单击"椭圆 2 拷贝"图层前面的 按钮，显示该图层，并单击选中该图层。按 Ctrl＋T 组合键后，按 Alt 键同时拖动四周控点变换圆，使其比刚才白圆再小一点，按 Enter 键确认变换。

（11）复制"椭圆 1 拷贝"图层，生成"椭圆 1 拷贝 2"图层，将此图层移动到最上面，单击该图层，按 Ctrl＋T 组合键后，按 Alt 键同时拖动四周控点变换圆，使其比外面黑圆再小一点，按 Enter 键确认变换。

（12）隐藏背景层，选中除背景层以外所有图层，右击选择"合并可见图层"，合并在"椭圆 1 拷贝 2"图层。用魔棒工具选中所有黑色部位，按 Delete 键删除。按 Ctrl 键并单击该图层前面缩览图 选中该图层，如图 4-46 所示，按 Ctrl＋C 组合键复制，图片中应该已经没有黑色，只有两个白色圆环和一个小圆。保存图片文件为"同心圆环.psd"。

6. 液化处理

（1）选择"文件"|"打开"命令打开"动态水波效果.jpg"图片文件。用 Ctrl＋V 组合键将"同心圆环"选中的图层复制过来，生成"图层 1"图层。

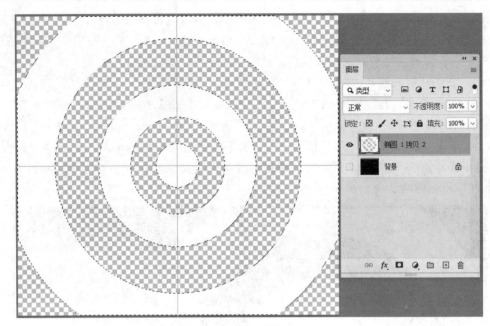

图 4-46　同心圆环

(2) 单击"图层 1"图层,用 Ctrl+T 组合键并结合 Shift 键拖动控点,调整图层 1 大小和背景图完全一致,不保持圆环纵横比。按 Ctrl 键并单击该图层前面缩览图 ,选中该图层。

(3) 选择"选择"|"修改"|"羽化"命令,弹出"羽化选区"对话框,设置羽化半径为 6px,如图 4-47 所示。

图 4-47　"羽化选区"对话框

(4) 单击"背景"图层后,再选择"图层"|"新建"|"通过拷贝的图层"命令(或者按 Ctrl+J 组合键),这样就完成了图层的复制,图层名为"图层 2"(重复操作时,图层 2 会变成图层 3、图层 4、图层 5)。

(5) 在新复制的图层中,选择"滤镜"|"液化"命令,弹出"液化"对话框,选择该对话框左边工具箱的"膨胀工具" ,设置合适的画笔大小(大的圆环需要大一点的笔画大小),然后在圆环图像中涂抹,这样涂抹的部分就会膨胀,涂的时候要顺着圆圈涂,用力要均匀,一般涂一遍即可,如图 4-48 所示,图像部分全部涂好后,单击"确定"按钮。

(6) 先选中"图层 1"图层,再按 Ctrl 键并单击圆环图层"图层 1"前面的缩览图 。按 Ctrl+T 组合键,然后在上面的选项栏把宽和高等比例放大 20%,即设置 W 为 120%、H 为 120%,如图 4-49 所示,按 Enter 键确认放大(重复操作时,此步骤不需要任何变化)。

(7) 重复第(3)步到第(6)步(重复一次,液化处理一遍,把圆环放大 20%),这样重复操作 4 次,如图 4-50 所示为制作好的所有图层。

(8) 加上学号和姓名,保存图片为"动态水波效果.psd"。

7. 动态水波效果处理

(1) 隐藏除背景层外的所有层,单击选中背景层。

(2) 选择"窗口"|"时间轴"命令,弹出"时间轴"面板;单击"创建视频时间轴"下拉列表,选择"创建帧动画"选项,再单击"创建帧动画" 创建帧动画 ;单击"选择帧延迟时间"(初

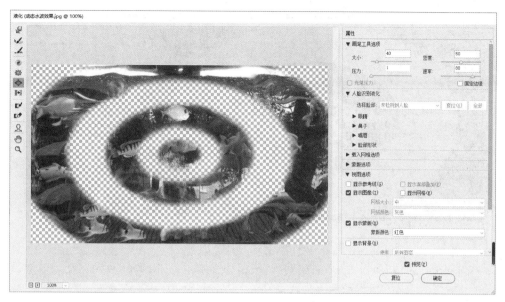

图 4-48　液化效果

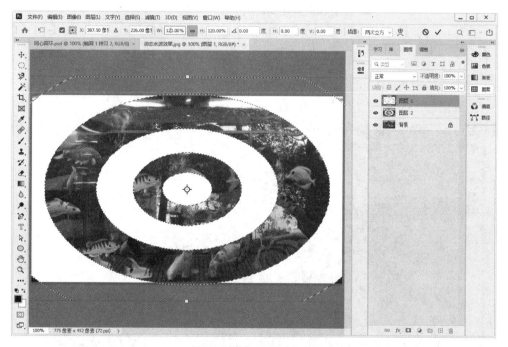

图 4-49　圆环图层效果 1

始为 0s)下拉列表,在弹出的选项中选择 0.5,即修改动画(帧)持续时间为 0.5s。

(3) 单击"时间轴"面板中的"复制所选帧" ,产生第 2 帧,设置"图层"面板,只显示"图层 2"和背景层。

(4) 单击"复制所选帧",产生第 3 帧,只显示"图层 3"和背景层。

(5) 单击"复制所选帧",产生第 4 帧,只显示"图层 4"和背景层。

(6) 单击"复制所选帧",产生第 5 帧,只显示"图层 5"和背景层。

图 4-50　圆环图层效果 2

（7）单击"时间轴"面板中的"播放动画"按钮 ▶，如图 4-51 所示，可预览动画效果。

图 4-51　动画制作

（8）选择"文件"|"导出"|"存储为 Web 所用格式（旧版）"命令，弹出如图 4-52 所示页面。这里采用默认设置，单击"存储"按钮（一般按 Enter 键也可以）。

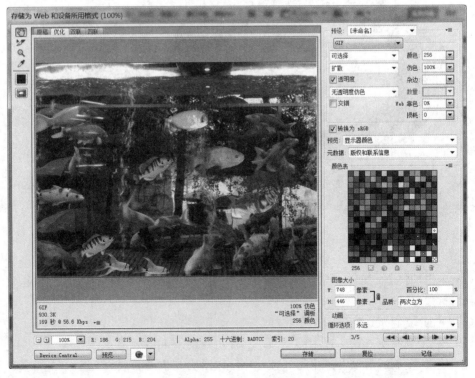

图 4-52　存储动态效果

（9）弹出"将优化结果存储为"对话框，命名为"动态水波效果.gif"并保存。预览此 gif 效果应该为动态效果。

（10）选择"文件"|"存储为"命令，保存为"动态水波效果.psd"文档。

4.6　案例 6　渐隐的图像

【要求】

通过一张图像，生成不同效果的三种图像，并组合在背景图中，形成渐隐的图像效果，最终效果如图 4-53 所示。

图 4-53　渐隐的图像效果

【知识点】

图层、图层混合模式、图层蒙版

【操作步骤】

（1）打开"图像.jpg"和"背景.jpg"两幅图，复制"图像.jpg"到"背景.jpg"里，自动生成"图层 1"，复制"图层 1"到"图层 2"和"图层 3"，此时"图层"面板中，从上到下图层分别为"图层 3""图层 2""图层 1""背景"。

（2）移动图层中图像使水平排列（从左到右分别为："图层 3""图层 2""图层 1"），如图 4-54 所示。

（3）选择"图层 2"，选择"图层"|"图层蒙版"|"显示全部"命令添加图层蒙版，选中"图层 2"图层蒙版缩览图，设置前景色为黑色，使用"画笔工具"涂抹"图层 2"和"图层 1"重叠区域白色部分，隐藏"图层 2"白色部分图像，使得"图层 1"人像可以大部分显示出来。

（4）选择"图层 3"，选择"图层"|"图层蒙版"|"显示全部"命令添加图层蒙版，选中"图层 3"图层蒙版缩览图，设置前景色为黑色，使用画笔在"图层 2"图像中涂抹"图层 3"和"图层

图 4-54　复制图层

2"重叠区域白色部分,隐藏"图层 3"白色部分图像,使得"图层 2"人像可以大部分显示出来,如图 4-55 所示。

图 4-55　添加图层蒙版后的效果

　　(5) 选择"图层 2",按 Ctrl＋T 组合键变换图像,缩小图像到原来的 95％,移动图像使脚部对齐,并设置其图层不透明度为 60％。可使用画笔完善图层蒙版部分,使"图层 1"能较完整显示出来。

　　(6) 选择"图层 3",按 Ctrl＋T 组合键变换图像,缩小图像到原来的 90％,移动图像使脚部对齐,并设置其图层不透明度为 40％。

　　(7) 合并"图层 1"～"图层 3",并设置图层混合模式为"正片叠底",保存文件为"渐隐的图像效果.psd"。

4.7　案例 7　光盘盘贴

【要求】

先制作指定大小的同心圆环,然后将图片贴入其中,形成光盘盘贴的效果,最终效果如图 4-56 所示。

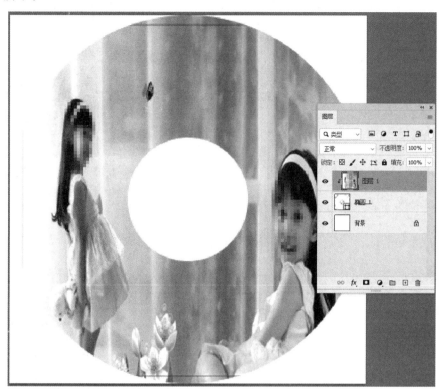

图 4-56　"光盘盘贴"效果图

【知识点】

形状图层、椭圆工具、路径操作、剪贴蒙版

【操作步骤】

(1) 新建 12cm×12cm、分辨率为 72ppi 的图片文件"光盘盘贴",背景色为白色。

(2) 为准确画圆形选区,可显示网格线:选择 "编辑"|"首选项"|"参考线、网格和切片" 命令,设置网格线间隔为 2cm,如图 4-57 所示。

(3) 选择 "视图"|"显示"|"网格"命令,显示网格。

(4) 将背景色设置为黑色,前景色设置为白色。

(5) 选择"椭圆工具",在其工具选项中,将"选择工作模式"设置为"形状","路径操作" 选择"新建图层"选项。光标从中心点开始向外拖动鼠标,再按住 Alt 键(以中心点为中心画圆)和 Shift 键(画正圆),画出直径 12cm(6 个网格)的正圆。

(6) 选择椭圆工具,在其工具选项中,将"选择工具模式"设置为"形状","路径操作"选择"排除重叠形状" 排除重叠形状 选项。光标从中心点开始向外拖动鼠标,再按住 Shift+Alt

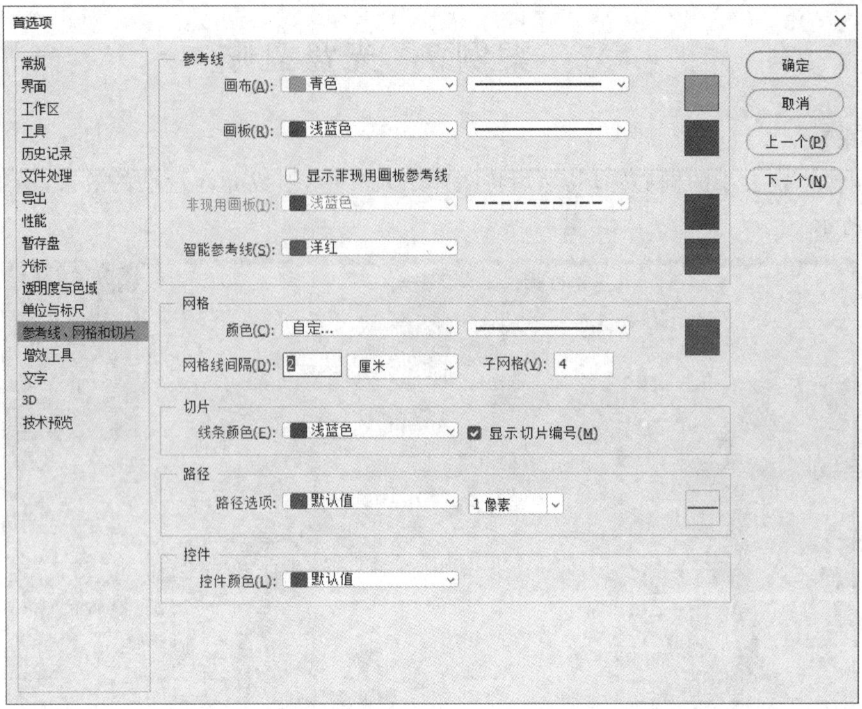

图 4-57 设置网格线等

组合键,画出直径 4cm(2 个网格)的正圆。如图 4-58 所示,生成"椭圆 1"图层。

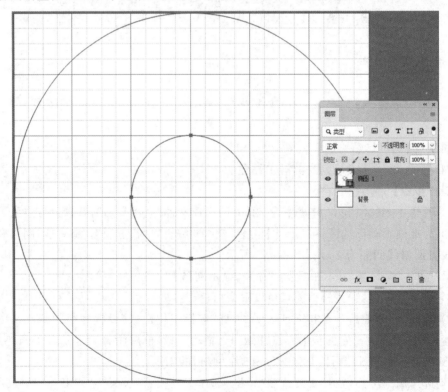

图 4-58 绘制同心圆环

（7）选择"视图"|"显示"|"网格"命令，隐藏网格。

（8）打开素材图片文件"贴图.jpg"，复制到"光盘盘贴"，生成"图层1"图层，按Ctrl＋T组合键变换，按住Shift键结合拖动控点调整图片大小，使其能覆盖"椭圆1"图层。

（9）在"图层"面板中右击"图层1"图层，在弹出的快捷菜单中选择"创建剪贴蒙版"或者选择菜单"图层"|"创建剪贴蒙版"，将图片贴入光盘中。

（10）存储为"光盘盘贴.psd"文档。

4.8 案例8 旋转文字

【要求】

输入一组文字"每天有个好心情"，从右中位置开始，逆时针方向，每30°出现一组文字，共12次，形成文字旋转的效果，最终效果如图4-59所示。

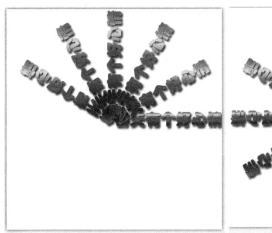

图4-59 旋转文字效果图

【知识点】

文字工具、图层样式、投影、渐变叠加、图层、旋转、动画

【操作步骤】

（1）新建一张500×500点、分辨率为72ppi的图片，选择"视图"|"新建参考线"创建水平、垂直参考线（均设置为250点），用于定位中心点。

（2）使用"横排文字工具" **T**，格式设置为华文琥珀、36点、浑厚，输入文字"每天有个好心情"，将文字左边放在正中心位置，如果文字超出界面可以使用Alt键加左箭头键调整字符间距，使得所有文字位于界面内。

（3）单击选择文字图层，单击"图层"面板中的"添加图层样式"按钮 **fx**，在弹出的菜单中选择"渐变叠加"选项，弹出"图层样式"对话框，如图4-60所示，"渐变"选"紫色"下其中一种颜色，其他选项为默认值。

（4）先按Ctrl＋J组合键复制文字图层后，再按Ctrl＋T组合键（也可以直接按Ctrl＋Alt＋T组合键完成复制和变换操作），文字出现8个控点和一个中心参考点

每天有个好心情（如果没有中心参考点，请选中工具选项栏中的"切换参考点"选项 ▢ ）。

Photoshop 图像编辑与处理

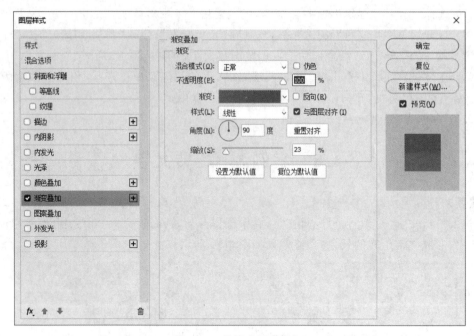

图 4-60　投影和渐变叠加

（5）拖动中心注册点到文字最左边 **每天有个好心情**，工具选项中角度 ◿ 设为−30（使文字逆时针旋转 30°），按 Enter 键确认，变换后效果如图 4-61 所示。

图 4-61　变换后效果

（6）按"再次变换"快捷键 Ctrl＋Alt＋Shift＋T 10 次。每按一次，新产生一个和原来文字一样的图层，并且在原来基础之上每次逆时针旋转 30°，如图 4-62 所示。

（7）隐藏除背景层以外的图层。选择"窗口"|"时间轴"命令，弹出"时间轴"面板；单击"创建视频时间轴"下拉按钮，选择"创建帧动画"选项，再单击"创建帧动画"；单击"选择帧延迟时间"（初始为 0s）下拉按钮，在弹出的选项中选择 0.2，即修改动画（帧）持续时间为

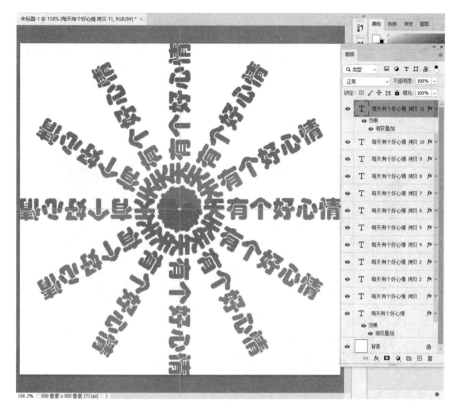

图 4-62 平面设计完成

0.2s。第一帧只显示背景层。

（8）单击"时间轴"面板"复制所选帧"⊞按钮复制一帧,显示上面一层"每天有个好心情"文字层和背景层。以此类推,每次复制一帧后,加上一层显示。

（9）"时间轴"面板设置完成后,如图 4-63 所示,单击"播放动画"按钮▶预览动画效果。

图 4-63 动画效果设置

（10）图片保存为"旋转文字.psd"。

（11）选择"文件"|"导出"|"存储为 Web 所用格式(旧版)"命令,将动画图片保存为"旋转文字.gif"。

4.9 案例 9 汽车海报

【要求】 已有 jeep1.png、jeep2.jpg、jeep3.jpg、"报架.png""蓝天白云.jpg""田野.jpg"图片文件,如图 4-64 所示。

jeep1.png jeep2.jpg jeep3.jpg 报架.png 蓝天白云.jpg 田野.jpg

图 4-64　"汽车海报"素材

现要求制作"汽车海报"：将"蓝天白云.jpg"和"田野.jpg"组合作为背景图片，jeep1.png、jeep2.jpg、jeep3.jpg 做成海报主体放在报架上，然后加上文字，最终效果如图 4-65 所示。

图 4-65　"汽车海报"效果

【知识点】

变形直排文字、图层样式、图层混合模式、渐变工具、图层蒙版、自由变换、图层合并、调整图层

【操作步骤】

1. 海报主体制作

(1) 选择"文件"|"打开"，出现"打开"对话框，如图 4-66 所示。选择"汽车海报"文件夹下所有的图片文件 jeep1.png、jeep2.jpg、jeep3.jpg、"报架.png"、"蓝天白云.jpg"和"田野.jpg"单击"打开"按钮。

(2) 在 jeep2.jpg 中，按 Ctrl+A 组合键全选图像；按 Ctrl+T 组合键自由变换图像，设置自由变换选项栏中"w:"和"h:"均为 8%，使图像缩小为原来的 8% 大小，进行变换；按 Ctrl+C 组合键复制选区内图像。在 jeep1.png 中，按 Ctrl+V 组合键，将缩小后的 jeep2.jpg 复制过来，移动到车头上方附近，分别修改图层名称为 jeep1 和 jeep2。

(3) 在 jeep2 图层中，单击"图层"面板下方的"添加图层样式"按钮，在弹出的菜单中选择"描边"，弹出"图层样式"对话框，设置"大小"为 1px，"颜色"为白色，单击"确定"按钮。

(4) 在 jeep3.jpg 中，按 Ctrl+A 组合键全选图像；按 Ctrl+T 组合键自由变换图像，设置自由变换选项栏中"w:"和"h:"均为 12%，使图像缩小到原来的 12% 大小；按 Ctrl+C 组合键复制选区内图像。在 jeep1.png 中，按 Ctrl+V 组合键，将缩小后的 jeep3.jpg 复制过来，移动到左上角附近，修改图层名称为 jeep3，设置图层的混合模式为"柔光"。

(5) 在 jeep3 图层中，选择直排文字工具，设置字体大小为 36 点，字体为华文琥珀，字体颜色为黄色，在右边输入"路就在脚下"文字；单击文字工具选项中的"创建文字变形" 按

图 4-66 "汽车海报"所用原材料

钮,弹出"变形文字"对话框,"样式"选择"旗帜",单击"确定"按钮,将文字移到合适位置,如图 4-67 所示。

图 4-67 海报主体效果

(6)"图层"面板中,按 Ctrl 键加单击选中所有图层,右击,在弹出的快捷菜单中选择"合并图层"。合并图层后,各个图层内容不再可以单独调整。

(7)选择"文件"|"存储为",保存为"海报主体.png"图像。关闭 jeep1.png、jeep2.jpg、jeep3.jpg 图像,不用保存。

2. 背景效果制作

(1)全选"蓝天白云.jpg"图像,复制到"田野.jpg"图像中。"田野.jpg"图像中,"蓝天白云.jpg"图像成了"图层 1",单击图层面板的"添加图层蒙版"按钮,添加一个蒙版。

(2)设置前景色为黑色,背景色为白色。选取"渐变工具",单击工具选项栏中的"点按可编辑渐变"选项,出现"渐变编辑器"对话框,选择"基础"中的"前景色到背景色渐变";在工具选项中，"模式"设置为"正常"，单击"确定"按钮。

（3）单击"图层1"中蒙版部分"图层蒙版缩览图"，从画布底部拖动鼠标到顶部，可以将两个图片组合在一起。复制"报架.png"图像到"田野.jpg"图像中，靠右下放置如图4-68所示，生成"图层2"图层。

图 4-68　背景效果

3. 最终效果合成

（1）打开"海报主体.png"图像，全选复制到"田野.jpg"图像中，生成"图层3"图层；将此时的"田野.jpg"图像存储为"汽车海报.psd"文档。

（2）在"图层3"中，按Ctrl+T组合键自由变换图像，海报主体图像出现8个控点，右击它，在弹出的快捷菜单中选择"斜切"（或者"扭曲"），拖动各控点调整，直至"海报主体"图像正好覆盖"报架"白板部分，按Enter键确认变换。

（3）在"图层"面板中单击"创建新的填充或调整图层" 按钮，在弹出的快捷菜单中选择"色相/饱和度"，设置"饱和度"为30，由此新建了一个调整图层。如图4-69所示，"色相/饱和度1"图层就是调整图层，可以修改设置饱和度、色相、明度等，对下面图层均起作用；也可以删除该调整图层，删除后对其他图层没有任何内容修改。

图 4-69　汽车海报设计状态

调整图层是记录调整命令参数的图层，这些参数可以随时编辑。调整图层不依附于任何现有图层,总是自成一个图层,但不能单独存在,会影响到下面的所有图层。

（4）保存"汽车海报.psd"文档。

4.10 案例10 雄鹰展翅

【要求】

通过一幅"雄鹰.jpg"静态图片,制作"雄鹰展翅"动画图片文件,翅膀会挥动,最终效果如图4-70所示。

图4-70 雄鹰展翅效果

【知识点】

操作变形、智能对象、内容识别、动画、选区变换

【操作步骤】

1. 分离背景与雄鹰

（1）打开"雄鹰.jpg"图像,使用"快速选择工具",在选项栏中选中"添加到选区",多次拖动鼠标选择雄鹰以外区域,再反选选区,选中雄鹰。

（2）按Ctrl+C组合键,再按Ctrl+V组合键,建立仅有雄鹰的"图层1"。

（3）按住Ctrl键,再单击"图层1"缩览图图标,选中雄鹰区域。

（4）单击背景图层,当前图层切换到背景图层,选择"选择"|"修改"|"扩展",弹出"扩展选区"对话框,设置扩展量为3px,单击"确定"按钮。

（5）选择"编辑"|"填充",弹出"填充"对话框,选择"内容识别",模式为"正常",不透明度为100%,单击"确定"按钮。

（6）隐藏"图层1",按Ctrl+D组合键取消选择,可以看到背景图层雄鹰已经消失。显示"图层1",此时"图层"面板如图4-71所示,背景图缩览图中没有雄鹰,此时已完成背景与雄鹰分离。

2. 操纵变形

（1）在"图层1"中,使用菜单"图层"|"智能对象"|"转换为智能对象"。这一步是为了避免之后操作变形次数过多造成画质损失。此时"图层1"缩览图图标变成了 ▨ ,光标指向它,显示"智能对象缩览图"。

（2）复制"图层1",命名为"图层2"。在"图层2"中,选择"编辑"|"操控变形",雄鹰出现网格,单击雄鹰各个需要变形移动部分及其他不需要变形区域增加图钉(图钉有两个作用,一个是固定,一个是移动变形),如图4-72(a)所示,图钉呈圆点。

（3）用鼠标拖动翅膀上的图钉,使雄鹰变形为图4-72(b)所示,"图层1"雄鹰没有网格与图钉,"图层2"在前面有图钉和网格,按Enter键确认变形。

图 4-71　背景与雄鹰分离

（4）复制"图层 2"，命名为"图层 3"。在"图层 3"中，选择"编辑"|"操控变形"，适当单击增加图钉，用鼠标拖动翅膀上的图钉，使雄鹰变形为图 4-72(c) 所示，"图层 1""图层 2"雄鹰没有网格与图钉，"图层 3"在前面有图钉和网格，按 Enter 键确认变形。

(a)　　　　　　　　　　(b)　　　　　　　　　　(c)

图 4-72　移动图钉点变形过程

（5）此时"图层"面板和画布效果如图 4-73 所示。"图层 1"～"图层 3"均为智能对象，自动建立了智能滤镜和操控变形。双击操控变形可以重新操作图钉，编辑变形。

图 4-73　"图层"面板和画布效果

3. 动画制作

（1）隐藏"图层 2""图层 3"，只显示"图层 1"和背景层。选择"窗口"|"时间轴"命令，弹出"时间轴"面板，单击"创建帧动画"按钮，修改动画(帧)持续时间为 0.1 秒。

（2）单击动画面板中的"复制所选帧"，产生第 2 帧，设置只显示"图层 2"和背景层。

（3）单击动画面板中的"复制所选帧"，产生第 3 帧，设置只显示"图层 3"和背景层。

（4）如图 4-74 所示，设置左下角播放次数为"永远"，单击"动画"面板中的"播放动画"按钮 ▶，可预览动画效果。如果要删除某帧，单击"动画"面板中的"删除所选帧"按钮，不能使用 Delete 键删除，否则可能图层被删除了。

图 4-74　"时间轴"面板设置

（5）存储为"雄鹰展翅.psd"文档。选择"文件"|"导出"|"存储为 Web 所用格式（旧版）"命令，弹出"存储为 Web 所用格式"对话框，单击"存储"按钮，弹出"将优化结果存储为"对话框，命名为"雄鹰展翅.gif"并在合适位置保存。

4.11　拓展操作题

1．"宁波"艺术字：分别使用图层蒙版和剪贴蒙版制作图片填充文字"宁波"，如图 4-75 所示。

2．2008 牵手文字：使用图层蒙版实现 2008 牵手字效果，如图 4-76 所示。提示，每个文字的颜色不同，分别占一个图层。

图 4-75　艺术字效果　　　　　　　　　　　图 4-76　牵手文字效果

3．"云和建筑"图片合成：试着使用图层蒙版来完成建筑物与云图片合成云建筑。原图与效果图如图 4-77 所示。

(a) 建筑物　　　　　　　　(b) 云　　　　　　　　(c) 效果图

图 4-77　"云和建筑"图片合成

4．"弹簧与狗"图片合成：分别使用图层蒙版和矢量蒙版来完成背景、弹簧与狗图片合成。原图与效果图如图4-78所示。

(a) 弹簧

(b) 狗

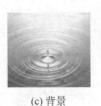
(c) 背景

(d) 效果图

图 4-78　"弹簧与狗"图片合成

5．"枫树女孩"图片：试着完成自定形状矢量蒙版，原图与效果图如图4-79所示。提示，在"自定形状工具"中，"选择工具模式"选项使用"路径"；"形状"使用"有叶子的树"中的"枫树"。

(a) 原图

(b) 效果图

图 4-79　自定形状矢量蒙版效果

6．试着用各种蒙版完成"水晶女孩"图片合成，原图与效果图如图4-80所示。

(a) 原图

(b) 效果图

图 4-80　"水晶女孩"图片合成

7．"混合蒙版"图片：原图如图4-81所示，利用鱼图片采用矢量蒙版完成显示鱼；鱼缸图片先建立图层蒙版（用画笔遮盖部分），再采用剪贴蒙版显示在"宁波"文字中，最后鱼图片也用剪贴蒙版显示在文字中，效果制作图如图4-82所示。

鱼.jpg 鱼缸.jpg

图 4-81 原图

 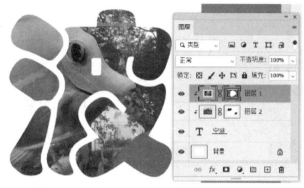

图 4-82 混合蒙版效果

8. 自创一个 Photoshop 案例：可网上搜索原材料，再利用 Photoshop 图层蒙版、矢量蒙版、剪贴蒙版、文字特效及动态效果等知识点合成最后效果。

Photoshop 图像编辑与处理

第5章 | Animate 动画设计与制作

5.1 案例1 旋转的风车

【要求】

分别制作"风车叶子"元件和"风车"元件,实现旋转的风车动画效果,最终效果如图 5-1 所示。

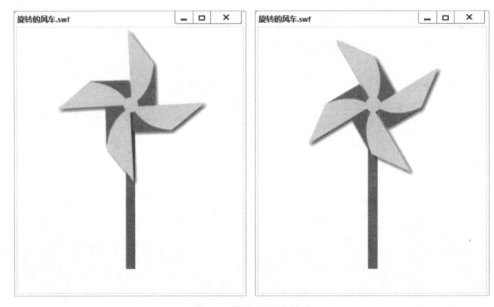

图 5-1 旋转的风车效果

【知识点】

图层、时间轴、钢笔工具、颜料桶工具、变形面板、滤镜、补间动画、元件

【操作步骤】

1. 新建 An 文档

(1) 打开 Animate(以下简称 An)应用程序,选择"文件"|"新建",打开"新建文档"对话框,如图 5-2 所示,平台类型选择 Action Script 3.0,角色动画标准文档默认的宽为 640px,高为 480px,帧速率为 30fps,背景颜色为白色。单击"创建"按钮,创建了一个 An 新文档,进入 An 主界面。

(2) 选择"文件"|"保存",保存到合适位置,文件名为"旋转的风车"。此时文件全称为

"旋转的风车.fla"。选择"窗口"|"工作区"|"传统",这时 An 界面左边是工具箱,右边是"属性"面板,上面是"时间轴"面板,中下方是舞台。

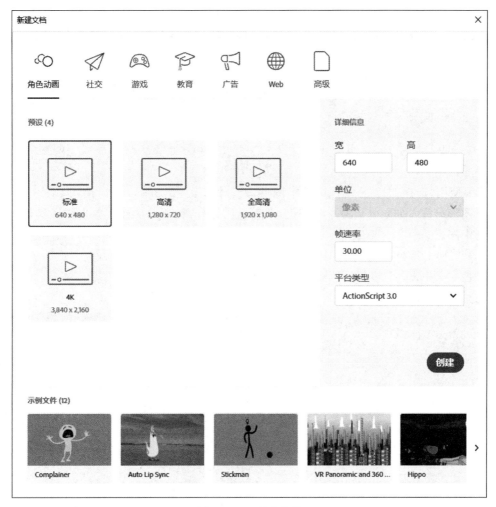

图 5-2 An 新建文档

2. 新建"风车叶子"元件

(1)选择"插入"|"新建元件",弹出"创建新元件"对话框,如图 5-3 所示,名称输入"风车叶子",类型选择"图形",单击"确定"按钮。

图 5-3 "创建新元件"对话框

（2）进入编辑元件界面，中间有一个"＋"号。选择工具箱"钢笔工具"，单击"＋"号，再按顺时针方向单击其他点，建立如图 5-4（a）所示梯形，按 Esc 键结束钢笔绘制。

（3）重新选择"钢笔工具"，单击对角线两个点画上连线如图 5-4(b) 所示，选择工具箱"选择工具"，光标移向对角线时，光标显示 ，此时向右上角拖动鼠标，对角线变成了曲线，如图 5-4(c) 所示。

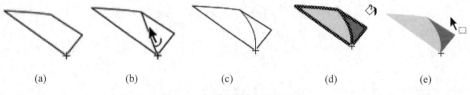

| (a) | (b) | (c) | (d) | (e) |

图 5-4　新建"风车叶子"元件

（4）使用"选择工具"拖动选中整个图形，选择"修改"|"分离"（可以使用 Ctrl＋B 组合键），将图形分离。如果分离命令为灰色，则表示已经分离，不用操作。单击图形其他位置，不要选中图形。

（5）使用工具箱"颜料桶工具"，在属性窗口工具中设置不同填充颜色（右边部分填充色选择颜色♯00CC00，左边部分填充色选择颜色♯FFFF00）进行填充，如图 5-4(d) 所示。如果没法填充，一般是由于图形没有完全封闭。

图 5-5　"风车叶子"元件在库面板中

（6）使用"选择工具"单击一根连线，按 Delete 键删除，将其他线都删除，如图 5-4(e) 所示。

（7）单击舞台左上角向左箭头返回"场景 1"，结束"风车叶子"元件编辑。选择"窗口"|"库"，打开库（如果菜单中显示 ✓ 库(L)，表示已经打开），在"库"面板中单击名称为"风车叶子"的元件，在上方会预览显示其内容，如图 5-5 所示。

3. 制作"风车"元件

（1）拖动"库"面板中的"风车叶子"元件到舞台，如图 5-6(a) 所示，这样就在舞台上创建了一个实例。选择工具箱"任意变形工具" ，如图 5-6(b) 所示，图形显示 8 个控点；移动中间的注册点（空心圆点）到＋点，如图 5-6(c) 所示。

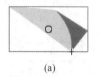 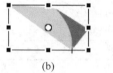

| (a) | (b) | (c) |

图 5-6　拖动"风车叶子"元件

（2）选择"窗口"|"变形"，打开"变形"面板，如图 5-7 所示，旋转处输入"90"，再单击"重置选区和变形" 按钮 3 次。

（3）此时复制并旋转生成了共 4 个风车叶子，如图 5-8(a) 所示。拖动选中所有叶子，如图 5-8(b) 所示。

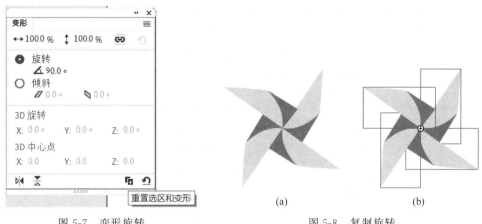

图 5-7 变形旋转   图 5-8 复制旋转

（4）选择"修改"|"转换为元件"，弹出"转换为元件"对话框，名称输入"风车"，类型选择"影片剪辑"，如图 5-9（a）所示，单击"确定"按钮。此时风车如图 5-9（b）所示。

图 5-9 "转换为元件"对话框和风车

4. 滤镜效果

（1）单击舞台中"风车"实例，再单击其"属性"面板"滤镜"右边的"添加滤镜"按钮，在出现的菜单中选择"投影"，设置滤镜属性投影效果，如图 5-10 所示，模糊 X：8px，模糊 Y：8px，强度：50%，其他默认。

（2）添加模糊滤镜，设置模糊效果（模糊 X：2px，模糊 Y：2px）。

5. 动画处理

（1）使用时间轴"新建图层"按钮，分别新建"中心"层、"杆"层。将原来"图层_1"改名为"风车"。单击"中心"层第 1 帧，选择工具箱"椭圆工具"，笔触为无  ，填充色为黄色，在风车中心位置画一个圆。单击"杆"层第 1 帧，选择工具箱"矩形工具" ，笔触为无，填充色为♯00CC00，从风车中心往下画一个矩形。

图 5-10 设置滤镜属性

（2）移动各层，使层的顺序（从上到下：中心、风车、杆）如图 5-11 所示。

（3）右击"风车"图层第 1 帧，在弹出的快捷菜单中选择"创建补间动画"。单击"风车"

Animate 动画设计与制作

图层第 1～30 帧中的任意帧,在"属性"面板中,设置"补间动画"属性,旋转:顺时针,计数:1次,如图 5-12 所示。

图 5-11　调整各层顺序

图 5-12　设置"补间动画"属性

（4）右击"中心"层第 30 帧,在弹出的快捷菜单中选择"插入帧"。单击"杆"层第 30 帧,按 F5 键插入帧。此时时间轴如图 5-13 所示。

（5）新建一图层,移至最上层,在舞台上加上自己的姓名和学号,以后每个案例需要同样操作。

（6）单击舞台空白位置,在"属性"面板中,可设置文档属性宽和高,使其与风车大小适

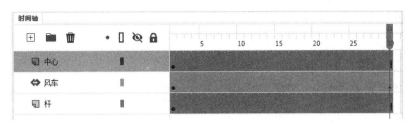

图 5-13 时间轴

当匹配。当前帧设置为第 1 帧,按住 Ctrl 键并单击各图层,可将各图层都选中,移动风车等内容到文档中间合适位置。

（7）选择"文件"|"保存",保存文件为"旋转的风车.fla"。按 Ctrl＋Enter 组合键测试影片,测试后自动生成"旋转的风车.swf"。

（8）选择"文件"|"导出"|"导出动画 GIF",在弹出的对话框中选择"保存"按钮,其他默认,将导出文件命名为"旋转的风车.gif"。

5.2 案例 2 动态书写文字

【要求】

输入"宁大"文字,加上毛笔元件,制作动画"动态书写文字",使毛笔随着书写笔画运动,有动态写字的感觉,最终效果如图 5-14 所示。

图 5-14 动态书写文字效果图

【知识点】

文本工具、选择工具、库文件导入、分离、逐帧动画、变形、时间轴、图层和元件

【操作步骤】

1. 输入文字

（1）新建一个 500×300px 的"动态书写文字"An 文档,帧速率设置为 6fps,舞台背景颜色设置为淡黄色(♯FFFFCC)。在"时间轴"面板中选择"图层_1"名称,改名为"文字"。

（2）选择工具箱"文本工具" **T**,在属性窗口中,将字符系列设置为"华文行楷",字符大小设置为 200 点,文本颜色任意,单击舞台输入"宁大"。

（3）用"选择工具"选中输入的文字,选择"窗口"|"对齐",打开"对齐"面板,选中"与舞台对齐"选项,单击"垂直居中分布"按钮 ≡ 和"水平居中分布"按钮 ▮▮,使文字居于舞台中间,如图 5-15 所示。

（4）单击"文字"图层，选中文字，执行"修改"|"分离"（Ctrl＋B组合键）两次（第一次分离是将"宁大"两个字分开，第二次分离是将文本打散转换为图形），分离后文字应有小网格点，这样才能对其进行擦除操作，如果擦除后立刻恢复原状，表示没有分离完成。

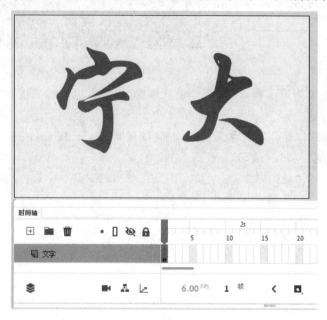

图 5-15　输入文字

2. 插入关键帧，文字擦除处理

（1）单击"文字"图层第1帧，选择"插入"|"时间轴"|"关键帧"（F6键），使用工具箱"橡皮擦工具"，将文字按照笔画相反的顺序，倒退着将文字擦除。如图5-16所示，"大"字已经被擦除了一部分，"文字"图层已经插入了第2帧。

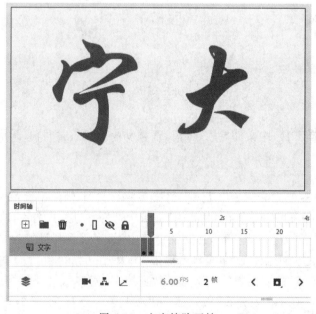

图 5-16　文字擦除开始

（2）按快捷键 F6 插入第 3 帧，然后再擦除一部分文字，倒退着将文字擦除。擦除时注意重复的笔画应该先保留（先保留"大"字一横完整，到下一笔画再擦除），如图 5-17 所示。这样反复，每擦一次按 F6 键一次，每次擦去多少决定写字的快慢，为了使动画效果流畅自然，可根据文本笔画数及复杂程度平均分配帧数。笔者一共使用了约 30 个关键帧（不同人操作可能不同），把所有的文字部分擦完。

图 5-17　文字擦除过程

（3）在"文字"图层中，右击第 1 帧，在弹出的快捷菜单中选择"所有帧"，选中所有关键帧。选择"修改"|"时间轴"|"翻转帧"，或者右击选择"翻转帧"，将"文字"图层顺序完全颠倒过来。翻转后，第 1 帧（如果这一帧没有任何内容，则删除）就只剩最后一点的一部分了，如图 5-18 所示。此时测试影片已经有文字动态效果了。单击图层上的锁定按钮 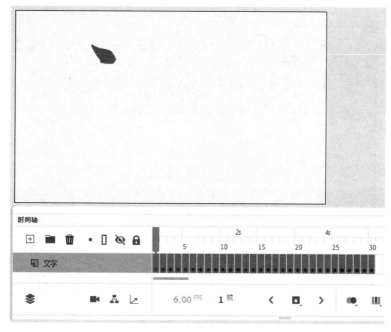 将"文字"图层锁定，以免误操作。

图 5-18　"翻转帧"后效果

3. 添加毛笔

（1）新添加图层，改名为"毛笔"。选择"文件"|"导入"|"打开外部库"，打开素材"毛笔元件.fla"，会弹出"库-毛笔元件.fla"外部库窗口，该窗口中已有"毛笔"元件，如图 5-19所示。

（2）单击"毛笔"图层第 1 帧，拖动毛笔元件到舞台中，此时毛笔元件已经被复制到了自已库中,将外部库窗口关闭。单击"任意变形工具",缩放、旋转毛笔,使毛笔变形到合适大小和形状,拖动"毛笔"图形到文字起始位置,如图 5-20 所示。

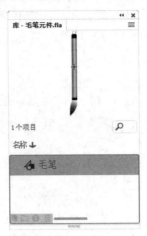

图 5-19　库-毛笔元件

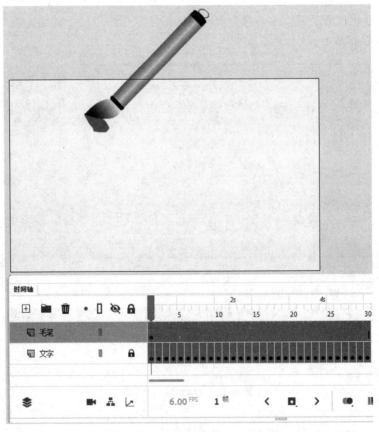

图 5-20　拖动毛笔到文字起始位置

（3）单击"毛笔"图层第 2 帧,按 F6 插入关键帧,此时在"毛笔"图层中也插入了与"文字"图层相同个数的关键帧,拖动"毛笔"图形到当前已写笔画的最后位置,如图 5-21 所示。

（4）这样反复操作,单击"毛笔"图层其他关键帧,用"选择工具"移动毛笔,使毛笔始终

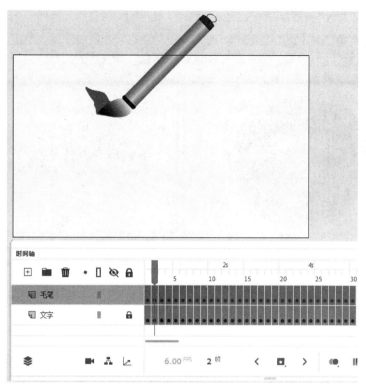

图 5-21　将毛笔拖放到已写笔画的最后位置

随着笔画最后的位置走,如图 5-22 所示。

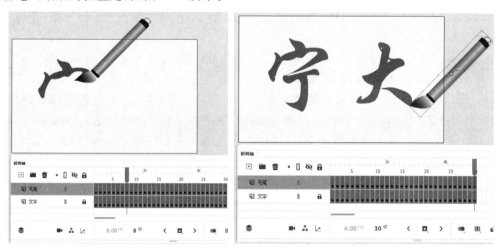

图 5-22　毛笔始终随着笔画最后的位置走

(5) 按 Ctrl+Enter 组合键测试影片,保存影片为"动态书写文字.fla"。

5.3　案例 3　图片遮罩

【要求】

通过一幅静态图片,运用各种工具制作图片遮罩效果,遮罩窗口从五角星形状变为圆形,再变成"宁波大学"文字窗口,最终效果如图 5-23 所示。

图 5-23　图片遮罩效果

【知识点】

多角星形工具、椭圆工具、遮罩动画、补间形状动画、文本工具

【操作步骤】

1. 插入形状和文字

(1) 新建一个"图片遮罩效果"An 文档,大小设置为 550×400px,帧速率设置为 30fps。选择"文件"|"导入"|"导入到舞台",选择图片"宁波大学.jpg"导入到舞台,通过属性窗口更改图片大小与舞台大小一致。选择"窗口"|"对齐",单击"左对齐"按钮和"顶对齐"按钮,将图片正好覆盖舞台。

(2) 在"时间轴"面板中选择"图层_1"第 60 帧,右击,在弹出的快捷菜单中选择"插入关键帧"。

图 5-24　星形设置

(3) 新建"图层_2",单击其第 1 帧,选择工具箱"多角星形工具" ⬡,单击"属性"面板|"工具选项"|"样式"|"星形",如图 5-24 所示。

(4) 拖动鼠标在舞台上画出一个五角星,将其设置在舞台中央,如图 5-25(a)所示。在"时间轴"面板中选择"图层 2"第 20 帧,右击,在弹出的快捷菜单中选择"插入空白关键帧",选择工具箱"椭圆工具",在舞台上画一个正圆,将其设置在舞台中央,如图 5-25(b)所示。

(5) 在"时间轴"面板中选择"图层_2"第 40 帧,右击,在弹出的快捷菜单中选择"插入空白关键帧",选择工具箱"文本工具" Ⓣ,在属性窗口中设置字符系列为"华文琥珀",字符大小为 120 点。单击舞台输入"宁波大学"文字,使用"对齐"面板,将其设置在舞台中央,如图 5-26 所示。

2. 创建遮罩动画和补间形状动画

(1) 如果"图层_2"第 60 帧没有插入任何帧,则选择它,右击,在弹出的快捷菜单中选择"插入帧",如果已经存在普通帧,则不需要插入。

(2) 右击"图层_2"图层,在弹出的快捷菜单中选择"遮罩层"。

(3) 右击"图层_2"中的第 1 帧,在弹出的快捷菜单中选择"创建补间形状"。此时,时间轴如图 5-27 所示。

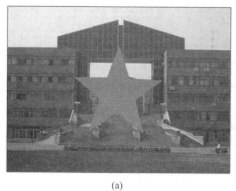
(a)

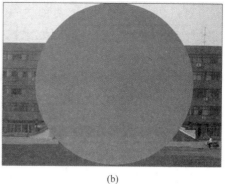
(b)

图 5-25　画五角星和圆

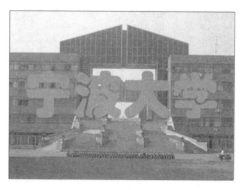

图 5-26　输入文字

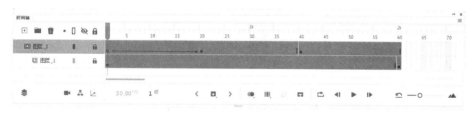

图 5-27　时间轴

（4）分别单击"图层 2"第 1、10、20、40 帧,可以观察到如图 5-28 所示的结果。从第 1 帧到第 20 帧是形状逐渐变化的过程,有形状遮罩效果和文字遮罩效果等。

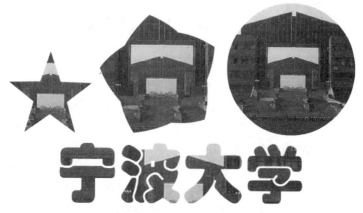

图 5-28　各形状遮罩效果

(5) 按 Ctrl＋Enter 组合键测试影片,从五角星遮罩效果到圆形遮罩效果是一个形状渐变过程和文字遮罩效果。保存影片为"图片遮罩效果.fla",并使用文件导出 GIF 动画文件,再观察动画效果。

5.4　案例4　放大镜

【要求】

通过两张内容一样、大小不同的图片文件,制作"放大镜"阅读效果,最终效果如图 5-29 所示。

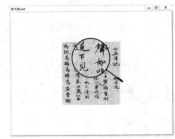

图 5-29　放大镜效果图

【知识点】

椭圆工具、帧复制、遮罩动画、传统补间动画

【操作步骤】

1. 导入图片和初画放大镜

(1) 新建 640×480px 大小的 An 文档"放大镜.fla",选择"文件"|"导入"|"导入到舞台",选择图片文件"古文书法图.jpg"和"放大图.jpg"一起导入舞台。右击图片,在弹出的快捷菜单中选择"分散到图层",两图片分别在两个图层,修改图层_1 名为"放大镜镜片",另两图层名去掉"_jpg",如图 5-30 所示。

(2) 移动"放大图"图层到"古文书法图"上方。隐藏"放大图"图层,使用"对齐"面板将"古文书法图"图层中的对象垂直、水平对齐(相对于舞台对齐)。

(3) 右击"放大镜镜片"图层,在弹出的快捷菜单中选择"锁定其他图层",光标定位到时间轴第 1 帧,选择"椭圆工具",设置笔触颜色为黑色,笔触大小为 3,填充颜色为红色,按住 Shift 键在图片文字上方绘制一个正圆。单击选择工具,双击选中正圆全部(包括笔触和圆),"属性"面板中设置宽度和高度均为 150px。

(4) 使用"选择工具"将正圆移动到舞台右上合适位置(顶部与舞台靠齐,最后两列字在正圆差不多中间位置);使用"线条工具"在圆的一侧绘制线条作为放大镜手柄,上部分笔触为 3,下部分笔触为 7,笔触颜色为黑色,如图 5-31 所示。如果此时处于"绘制对象"模式,则切换回场景1。

2. 处理放大镜和制作传统补间动画

(1) 单击"古文书法图"图层时间轴第 20 帧,按 F5 键插入普通帧,分别单击"放大图"和"放大镜镜片"图层时间轴第 20 帧,按 F6 键插入关键帧。单击选择"放大镜镜片"图层时间轴第 20 帧,此时镜片和镜框都处于选中状态,用键盘方向键 ↓ 移动放大镜到舞台下方,如

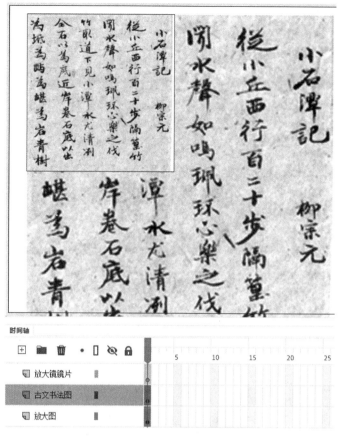

图 5-30　导入图片并分散到图层

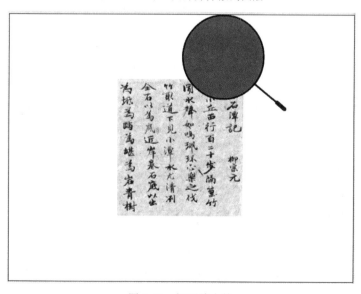

图 5-31　初画放大镜

图 5-32 所示。

（2）右击"放大镜镜片"图层，在弹出的快捷菜单中选择"复制图层"，修改新图层名为"镜框"。

Animate 动画设计与制作

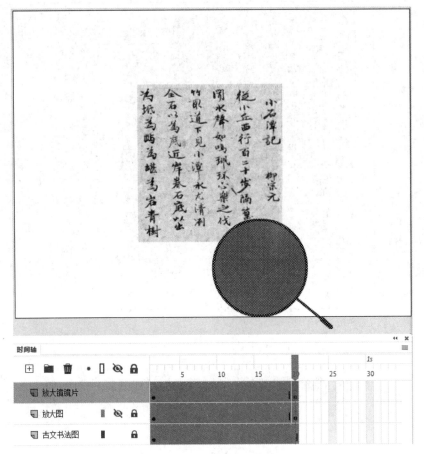

图 5-32　移动放大镜

（3）锁定并隐藏"放大镜镜片"图层以外的其他图层，使用"选择工具"、删除键将第 1 帧与第 20 帧中的镜框及把手（所有黑色线条）清除，只剩下红圆镜片。

（4）锁定并隐藏"镜框"图层以外的其他图层，使用"选择工具"、删除键将第 1 帧与第 20 帧镜片（所有红色填充）清除。

（5）分别选择前 3 个图层，右击第 1～20 帧中的任意帧，在弹出的快速菜单中选择"创建传统补间"命令。

3. 制作遮罩动画和调整放大图位置

（1）显示并锁定所有图层，右击"放大镜镜片"图层，在弹出的快捷菜单中选择"遮罩层"，第 1 帧显示效果如图 5-33 所示，此时遮罩显示的内容和放大镜所在位置不一致，接下来需要调整"放大图"图层中的图片位置。

（2）隐藏"放大镜镜片"图层和"放大图"图层，播放头放在第 1 帧上，注意观察放大镜圆中心所在的位置，如图 5-34 所示，调整放大图位置以此为基准。显示并解锁"放大图"图层。用键盘方向键移动放大图，使放大镜的中心点与刚才基准点类似，如图 5-35 所示。

（3）同样的方法，调整"放大图"图层第 20 帧图片对象的位置。播放头放在第 20 帧上，注意观察放大镜中心所在的位置，如图 5-36 所示。显示并解锁"放大图"图层。用键盘方向键移动放大图，使放大镜的中心点与刚才基准点类似，如图 5-37 所示。

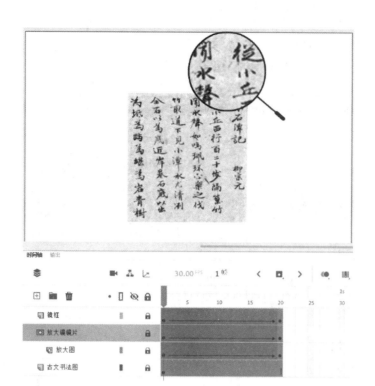

图 5-33　遮罩初始效果

图 5-34　第 1 帧原图与放大镜位置

图 5-35　第 1 帧放大图位置

图 5-36　第 20 帧原图与放大镜位置

图 5-37　第 20 帧放大图位置

Animate 动画设计与制作

（4）此时"时间轴"面板如图 5-38 所示，按 Ctrl＋Enter 组合键可以观测影片播放效果，调低帧速率到 10fps 再观察效果。到目前为止右边两列放大效果设置完毕。

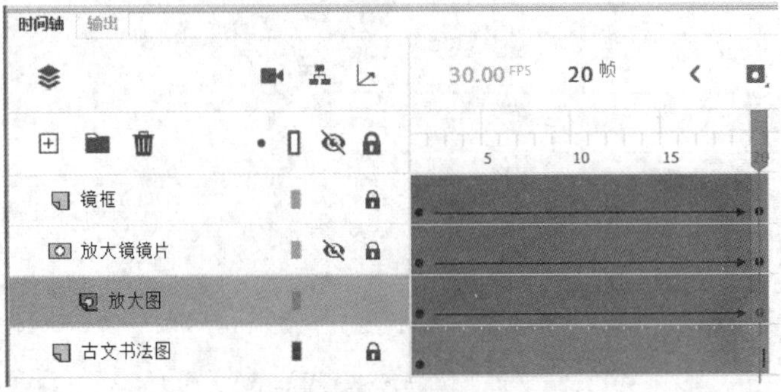

图 5-38　最后两列设置完成时间轴

4．处理左边 1、2 列和 3、4 列放大效果

（1）锁定所有图层。在"镜框"图层中，右击第 1 帧，在弹出的快捷菜单中选择"复制帧"；分别右击第 21、41 帧，在弹出的快捷菜单中选择"粘贴帧"。右击第 20 帧，在弹出的快捷菜单中选择"复制帧"；分别右击第 40、60 帧，在弹出的快捷菜单中选择"粘贴帧"。

（2）同上方法处理"放大镜镜片"图层和"放大图"图层。"古文书法图"图层第 60 帧插入普通帧。

（3）隐藏"放大图"图层，显示并解锁"放大镜镜片"图层和"镜框"图层，按 Ctrl 键同时选中两图层的第 21 帧，按键盘方向键←，同时移动放大镜镜片和镜框，使镜片中心点大概在第 3、4 列中间位置，如图 5-39 所示。同样方法处理两图层的第 40 帧，如图 5-40 所示。

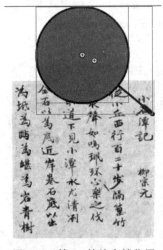

图 5-39　第 21 帧放大镜位置

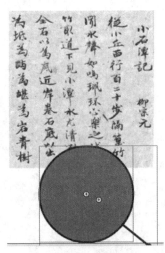

图 5-40　第 40 帧放大镜位置

（4）隐藏"放大镜镜片"图层和"放大图"图层，播放头放在第 21 帧上，注意观察放大镜中心所在的位置，如图 5-41 所示，调整放大图位置以此为基准。显示并解锁"放大图"图层。用键盘方向键水平移动放大图，使放大镜的中心点与刚才基准点类似，如图 5-42 所示。同上方法处理第 40 帧。

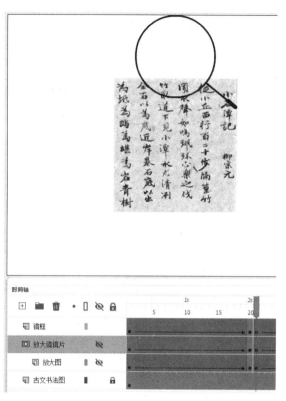

图 5-41　第 21 帧原图与放大镜位置

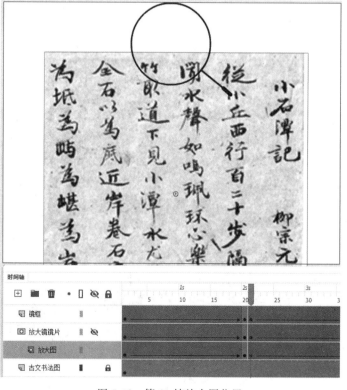

图 5-42　第 21 帧放大图位置

Animate 动画设计与制作

（5）参照上面（3）、（4）步骤处理第1、2列（最左边两列）文字放大镜效果。测试并保存文档为"放大镜.fla"。

5.5 案例5 红星闪闪

【要求】

制作"红星闪闪"动画：先制作五角红星，再制作闪光，最终效果如图5-43所示。

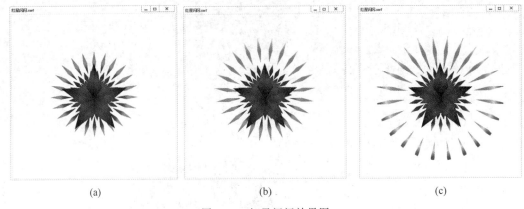

图5-43 红星闪闪效果图

【知识点】

多角星形工具、颜料桶工具、变形、矩形工具、重置选区和变形、"样本"面板、"变形"面板、"对齐"面板、传统补间动画、遮罩层动画

【操作步骤】

1. 制作五角红星

（1）新建一个An文档，大小设置为500×500px，帧速率设置为12fps，背景颜色设置为白色。

（2）单击"多角星形工具"，设置笔触颜色任意，填充为无，工具选项中样式设置为"星形"，边数为5，在舞台中画一个水平五角星。用"选择工具"拖动全选五角星，设置其属性，宽和高均为200px，如图5-44(a)所示。利用"对齐"面板将五角星水平垂直居中于舞台。

（3）利用"线条工具"绘制多条线条，将五角星内部用线连接起来，如图5-44(b)所示。

（4）利用"颜料桶工具"分别给五角星各个区域填充颜色（如果不能分别填充，则需要将五角星分离），填充色选择"样本"面板中左下角中默认颜色的第三个颜色（红色渐变），如图5-44(c)所示。

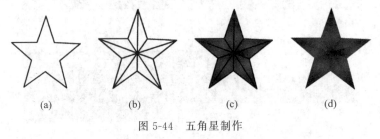

图5-44 五角星制作

（5）利用"选择工具"和删除键清除五角星所有线条，如图5-44（d）所示。锁定并隐藏"图层_1"图层。

2. 制作闪光

（1）新建"图层_2"图层，选择工具箱"矩形工具"，填充色为"样本"面板中左下角中默认颜色的最后一个颜色（彩色渐变），笔触为无。在舞台靠左中位置画一很细的矩形，选中矩形后，单击"任意变形工具"，此时如图5-45（a）所示，将中间的注册点（空心圆点）拖动到右下角一点，如图5-45（b）所示。

(a)   (b)

图5-45　制作细长矩形闪光条

（2）打开"变形"面板，设置旋转角度为15°，单击"重置选区和变形"按钮多次，复制完成细长矩形闪光条圆形排列，如图5-46（a）所示。

（3）拖动鼠标选中所有矩形，利用"对齐"面板将其水平、垂直居中于舞台（如果居中后发现细长矩形乱置，则在居中前可将其转换为元件）。

（4）新建"图层_3"图层，右击"图层_2"第1帧，在弹出的快捷菜单中选择"复制帧"，右击"图层_3"第1帧，在弹出的快捷菜单中选择"粘贴帧"，选择"修改"|"变形"|"水平翻转"，此时效果如图5-46（b）所示。

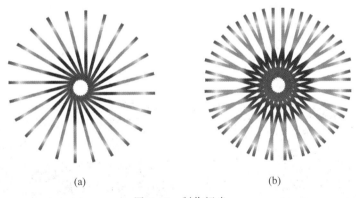

(a)   (b)

图5-46　制作闪光

（5）单击选择"图层_2"第40帧，按F6键插入一个关键帧；右击"图层_2"第1帧，在弹出的快捷菜单中选择"创建传统补间"，在其属性窗口中，将补间旋转设置为"逆时针×1"。单击选择"图层_3"第40帧，按F6键插入一关键帧；右击"图层_3"第1帧，在弹出的快捷菜单中选择"创建传统补间"，在属性窗口中，将补间旋转设置为"顺时针×1"。

（6）右击"图层_1"第40帧，在弹出的快捷菜单中选择"插入帧"。拖动"图层_1"到最上面层，并取消隐藏，显示"图层_1"图层。右击"图层_3"，在弹出的快捷菜单中选择"遮罩层"，此时时间轴如图5-47所示。

（7）保存影片文件为"红星闪闪.fla"，按Ctrl+Enter组合键测试影片效果，因为每个同学制作的细长矩形宽度不一致，所以效果也会有所不同。

Animate 动画设计与制作

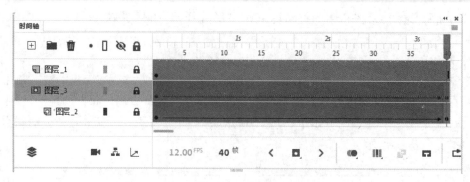

图 5-47　时间轴

5.6　案例 6　月球绕地球转

【要求】

已有"太空 1.jpg""太空 2.jpg""地球地图.jpg""月球.png"图片文件,如图 5-48 所示。

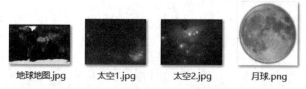

图 5-48　"月球绕地球转"素材

现要求制作月球绕地球转的动画,效果如图 5-49 所示,太空背景有渐变效果,地球可以自转,月球绕着地球转。

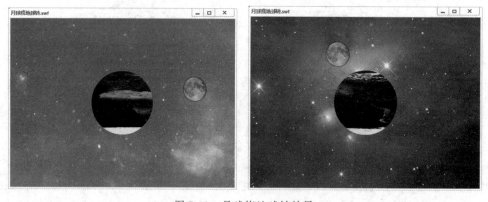

图 5-49　月球绕地球转效果

【知识点】

Alpha、补间动画、遮罩动画、引导动画

【操作步骤】

1. 制作太空渐变背景

(1) 新建 An 文档"月球绕地球转. fla",大小设置为 550×400px,帧速率设置为 30fps。将图层_1 重命名为"太空渐变背景",光标定位到时间轴第 1 帧,选择"文件"|"导入"|"导入

到舞台",选择图片文件"太空 1.jpg",出现"此文件看起来是图像序列的组成部分。是否导入序列中的所有图像",选择"否"按钮,将其导入舞台,在图片对象"属性"面板中设置位置 X 和 Y 均为 0。

(2)右击时间轴第 1 帧,在弹出的快捷菜单中选择"创建补间动画",弹出"将所选的内容转换为元件以进行补间",单击"确定"按钮。

(3)单击时间轴第 30 帧,按 F6 键插入关键帧。单击舞台中"太空 1"图片,在"属性"面板中设置色彩效果样式 Alpha 值为 50%。

(4)右击时间轴第 31 帧,在弹出的快捷菜单中选择"插入空白关键帧",参考上面步骤,第 31 帧导入"太空 2"图片,在图片"属性"面板中设置位置 X 和 Y 均为 0。

(5)右击第 31 帧创建补间动画,光标指向第 31 帧后,待出现双向箭头时,拖动延长到第 60 帧。在第 60 帧处按 F6 键插入关键帧,单击"太空 2"图片设置色彩效果样式,将 Alpha 值设置为 50%。锁定"太空渐变背景"图层。

2. 创建引导层等图层

(1)新建图层,将其命名为"月球",第 1 帧导入"月球.png"图片,利用"变形"面板将图片缩小为原来的 15%,移动月球到舞台左下角。

(2)右击"月球"图层,在弹出的快捷菜单中选择"添加传统运动引导层",上方即创建了一个"引导层:月球"图层。

(3)新建两个图层:"地球地图"和"遮罩层"图层,此时时间轴和图片第 1 帧效果如图 5-50 所示。

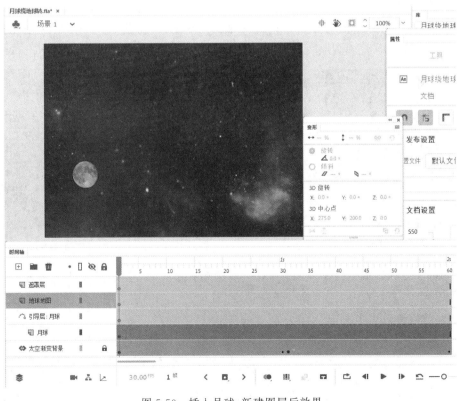

图 5-50　插入月球、新建图层后效果

Animate 动画设计与制作

3．实现月球运动

（1）单击"遮罩层"图层第1帧，在工具箱中选择"椭圆工具"，笔触为无，填充为红色，结合 Shift 键，在舞台上画一正圆，在"属性"面板中设置宽和高为 150px，使用"对齐"面板"水平中齐"和"垂直中齐"将正圆位于舞台正中央。

（2）单击"引导层：月球"图层第1帧，在工具箱中选择"椭圆工具"，笔触颜色为红色，笔触大小为3，填充为无，在舞台上画一比"遮罩"图层正圆大的椭圆，选择"任意变形工具"调整大小和位置，如图 5-51 所示。

（3）选择"橡皮擦工具"在椭圆左下角月球附近擦除一段，使椭圆留出一个缺口，如图 5-52 所示。

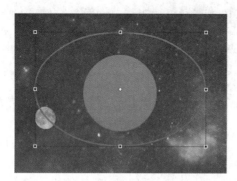
图 5-51　椭圆引导线

图 5-52　有缺口的椭圆引导线

（4）在"月球"图层第 60 帧处插入关键帧。单击"月球"图层第1帧，用"选择工具"拖动月球到椭圆缺口的下端，使中心点与椭圆引导线正好贴合，如图 5-53 所示。单击"月球"图层第 60 帧，拖动月球到椭圆缺口的上端，使中心点与椭圆引导线正好贴合，如图 5-54 所示。

图 5-53　月球与引导线下端对准

图 5-54　月球与引导线上端对准

（5）右击"月球"图层第1帧，在弹出的快捷菜单中选择"创建传统补间"，此时测试影片，月球已经可以绕着中间正圆运动了。锁定"月球"图层和"引导层：月球"图层。

4．地球自转效果

（1）单击"地球地图"图层第1帧，导入"地球地图.jpg"图片，在"属性"面板中，调整高度为 150px，宽度不变。移动地球地图覆盖"遮罩"图层红色正圆，使其右端与"遮罩"图层正圆右端靠齐，如图 5-55 所示。

（2）右击"地球地图"图层第1帧，在弹出的快捷菜单中选择"创建补间动画"，弹出"将

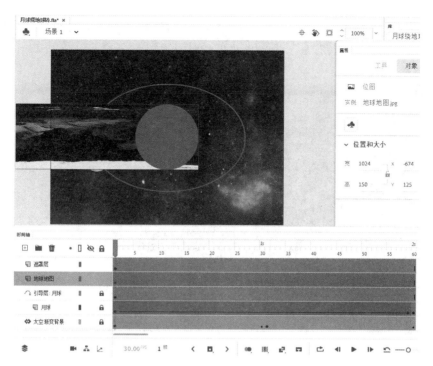

图 5-55　第 1 帧地图与正圆右侧对准

所选的内容转换为元件以进行补间",单击"确定"按钮。右击"地球地图"图层第 60 帧,在弹出的快捷菜单中选择"插入关键帧"|"位置",插入属性关键帧。使用键盘→方向键移动地球地图直至左端与正圆对齐,如图 5-56 所示。

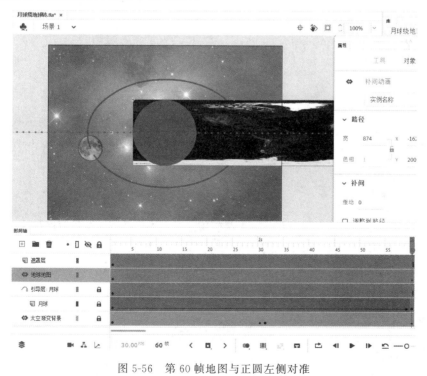

图 5-56　第 60 帧地图与正圆左侧对准

Animate 动画设计与制作

（3）右击"遮罩层"图层，在弹出的快捷菜单中选择"遮罩层"，隐藏引导层，定位"时间轴"面板的播放头到第 31 帧，显示的舞台效果和时间轴如图 5-57 所示。按 Ctrl＋Enter 组合键测试影片，保存文档。

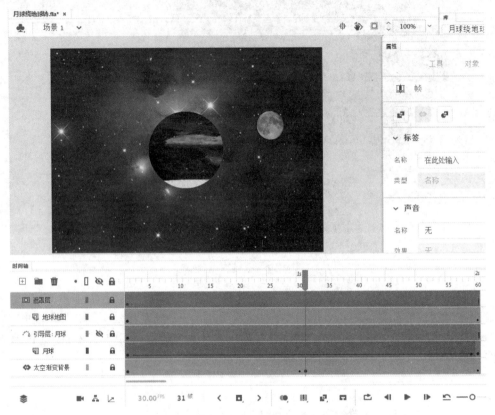

图 5-57　第 31 帧效果

5.7　案例 7　兔子跑步

【要求】　已有"兔子 1.png"～"兔子 8.png"和"跑道.jpg"图片文件，如图 5-58 所示。

图 5-58　"兔子跑步"素材

现要求制作"兔子跑步"动画：将"兔子 1.png"～"兔子 8.png"制作成"兔子奔跑"元件，使用各种动画类型制作兔子从右跑到左，再从上跑到下，然后从左跑向右的效果，最终效果如图 5-59 所示。

图 5-59 "兔子跑步"效果图

【知识点】

垂直翻转、元件、钢笔工具、补间动画、传统补间动画、引导动画

【操作步骤】

1. 制作"兔子奔跑"元件

（1）新建一个 An 文档，舞台宽高设置为 640×480px，帧速率设置为 24fps。执行菜单"文件"|"导入"|"导入到舞台"，打开"导入"对话框，选择"兔子奔跑"所有素材文件。

（2）单击"打开"按钮后，9 个图片文件都以左上角对齐方式重叠地列于舞台中，并且全部已经选中，光标移到舞台外单击鼠标，取消所有选择。拖动"跑道"图片到旁边，使"跑道"图片和其他图片分开一段距离。

（3）拖动鼠标选中所有兔子图片（不要移动兔子图片），右击，在弹出的快捷菜单中选择"转换为元件"，弹出"转换为元件"对话框，设置名称为"兔子奔跑"，类型为"影片剪辑"，单击"确定"按钮。删除舞台中选中的兔子图片。

（4）拖动"跑道"图片到舞台左上角对齐，在"属性"面板中设置图片宽高为舞台大小 640×480px，设置位置 X 和 Y 均为 0，使图片恰好覆盖舞台。

（5）右击"库"面板中的"兔子奔跑"元件，在弹出的快捷菜单中选择"编辑"，进入元件编辑界面，此时所有兔子图还是选中状态的，右击，在弹出的快捷菜单中选择"分散到图层"，删除"图层_1"图层。

（6）单击"时间轴"中"兔子 2.png"图层的第 1 帧，光标指向第 1 帧，按住鼠标左键，当光标图标显示为矩形框时，拖动第 1 帧到第 2 帧；同样操作，将"兔子 3.png"图层的第 1 帧拖动到第 3 帧；将"兔子 4.png"图层的第 1 帧拖动到第 4 帧；将"兔子 5.png"图层的第 1 帧拖动到第 5 帧；将"兔子 6.png"图层的第 1 帧拖动到第 6 帧；将"兔子 7.png"图层的第 1 帧拖动到第 7 帧；将"兔子 8.png"图层的第 1 帧拖动到第 8 帧。此时，"兔子奔跑"元件制作完毕，如图 5-60 所示。

2. 创建补间动画

（1）返回"场景 1"舞台。新建"图层_2"图层，拖动"兔子奔跑"元件到舞台右上边适当位置，并用变形工具将其缩小到适当大小。单击"图层_1"第 90 帧，按 F5 键插入帧。右击"图层_2"第 1 帧，在出现的快捷菜单中选择"创建补间动画"，光标指向第 24 帧，拖动到第 40 帧，将补间动画延长到 40 帧。此时当前帧应该是第 40 帧，拖动兔子移动到舞台最左边，如图 5-61 所示，自动在舞台上生成了运动轨迹。

（2）单击"图层_2"第 41 帧，按 F6 键插入关键帧。右击兔子，在弹出的快捷菜单中选择

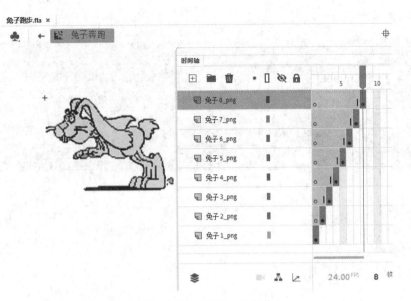

图 5-60　"兔子奔跑"元件制作

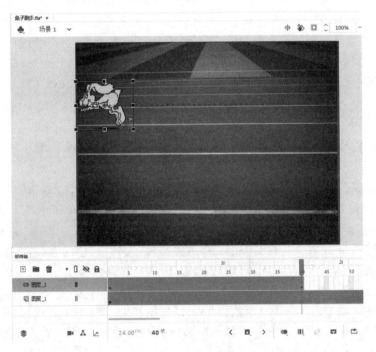

图 5-61　创建补间动画

"变形"|"逆时针旋转90度",设置完成后,如图5-62所示,兔子也跟着旋转了。

（3）单击"图层_2"第50帧,按F6键插入关键帧。往下拖动兔子,使兔子处于两根白线之间离我们最近的跑道中(接下来返回舞台右边的操作也可以使用类似的方法完成,下面将使用另一种方法来完成)。

3. 创建引导动画

（1）新建"图层_3"图层;单击"图层_2"第50帧,右击舞台中的兔子,在出现的快捷菜单中选择"复制";锁定"图层_2"和"图层_1",在"图层_3"第51帧中插入空白关键帧,右击舞台,在出现的快捷菜单中选择"粘贴到当前位置"。

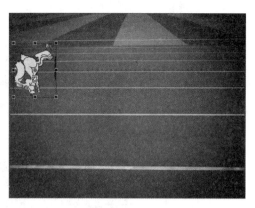

图 5-62 逆时针旋转 90°

（2）单击"图层_3"第51帧,选择"修改"|"变形"|"垂直翻转",再选择"修改"|"变形"|"顺时针旋转90度",会感觉到兔子从左向右跑步了。单击"图层_3"第90帧,按F6键插入关键帧,右击"图层_3"第51～90任意一帧,在出现的快捷菜单中选择"创建传统补间"。

（3）右击"图层_3"图层,在弹出的快捷菜单中选择"添加传统运动引导层"。在"图层_3"上方就出现了"引导层:图层_3"图层。

（4）在"引导层:图层_3"第51帧插入空白关键帧,选择"钢笔工具",单击兔子图片中心一点,再在跑道右边单击一点,即画了一条直线,这条直线就是引导线,如图5-63所示。

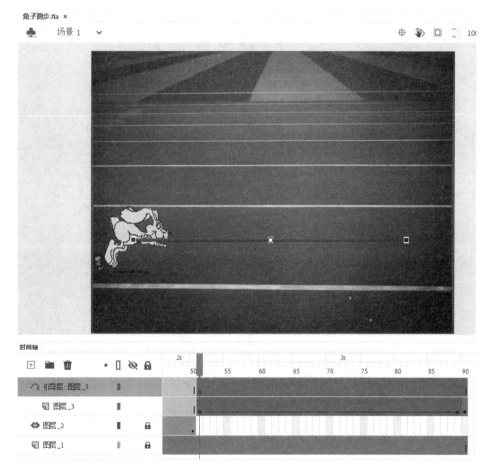

图 5-63 制作引导层

（5）单击"选择工具",单击"图层_3"第51帧,拖动兔子图片正好从引导线左端开始,如

Animate 动画设计与制作

图 5-64(a)所示；单击"图层_3"第 90 帧,拖动兔子图片正好在引导线右端结束,如图 5-64(b)所示。

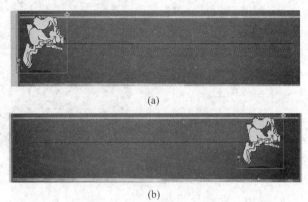

(a)

(b)

图 5-64　引导动画

(6) 按 Ctrl+Enter 组合键测试影片,此时兔子在跑道上跑的是三段直线。保存影片为"兔子跑步.fla"。

(7) 解锁所有图层,单击时间轴上不同的补间区域,用"选择工具"调整运动路径使原来的直线变为曲线,如图 5-65 所示,再测试影片,观察效果,另存影片为"兔子跑步(弯线).fla"。

图 5-65　运动路径调整为曲线

5.8　案例8　移动的球

【要求】

制作"移动的球"动画:先画三个椭圆,然后画三个球,实现球在各自的椭圆轨道中移动的效果,最终效果如图 5-66 所示。

【知识点】

椭圆工具、投影效果、发光效果、色彩效果、元件、引导动画

【操作步骤】

(1) 创建 An 新文档,将"图层_1"改名为"背景1",用"椭圆工具"绘制一个无填充色、笔

图 5-66　移动的球效果

触颜色为红色、笔触为 5 的长椭圆,使用"对齐"面板使椭圆居中于舞台。复制"背景 1"图层,改名为"引导层 1"。选中"背景 1"图层,新建一个"球 1"图层,在该层绘制一个无笔触色的正圆,填充为任意渐变色。

（2）右击"引导层 1"图层,在弹出的快捷菜单中选择"引导层",此时引导层 1 为 ✍ 引导层 1,拖动"球 1"图层到"引导层 1"图层下方,使引导层 1 变成 ⌒ 引导层 1,表示引导设置成功。

（3）右击"引导层 1"图层,在弹出的快捷菜单中选择"隐藏其他图层",只显示"引导层 1"图层,用橡皮擦在椭圆上拖动擦去一小部分。只显示"球 1"图层,选中并右击球,在弹出的快捷菜单中选择"转换为元件",转换成类型为"影片剪辑"的"球"元件。只显示"背景 1"图层,选中并右击椭圆,在弹出的快捷菜单中选择"转换为元件",转换成类型为"影片剪辑"的"椭圆"元件。转换成元件的目的是可以设置滤镜等效果。

（4）按 Ctrl 键并单击一起选中"引导层 1""球 1""背景 1"图层,右击选中图层,在弹出的快捷菜单中选择"复制图层";将新复制的图层分别命名为"引导层 2""球 2""背景 2"。再复制"引导层 2""球 2""背景 2",将新复制的图层分别命名为"引导层 3""球 3""背景 3"。

（5）只显示"背景 2"图层,选中椭圆,用"变形"面板使其旋转 60°,同样设置"引导层 2"图层。只显示"背景 3"图层,选中椭圆,用"变形"面板使其旋转 120°,同样设置"引导层 3"图层。

（6）只显示"球 1"和"引导层 1"图层,单击"球 1"第 50 帧,按 F6 键;单击"引导层 1"第 50 帧,按 F5 键;单击"背景 1"第 50 帧,按 F5 键。右击"球 1"层第 1～50 任意帧,选择"创建传统补间"。单击"球 1"第 1 帧,移动球到椭圆缺口的一端;单击"球 1"第 50 帧,移动球 1 到椭圆缺口的另一端。至此,球 1 能沿着椭圆顺利移动了。

（7）只显示"背景 2"图层,用"选择工具"选中第 1 帧椭圆,在"属性"面板中设置"投影"滤镜效果。只显示"背景 3"图层,设置"发光"滤镜,具体自己设置。

（8）设置"球 2""球 3"色彩效果的色调、高级等样式,具体自己调整,几个球的颜色最好能很好区分。

（9）参考第(6)步,使"球 2""球 3"也能沿着椭圆移动。设计完时间轴和其中一帧效果如图 5-67 所示。

（10）保存影片为"移动的球.fla",测试影片效果。

Animate 动画设计与制作

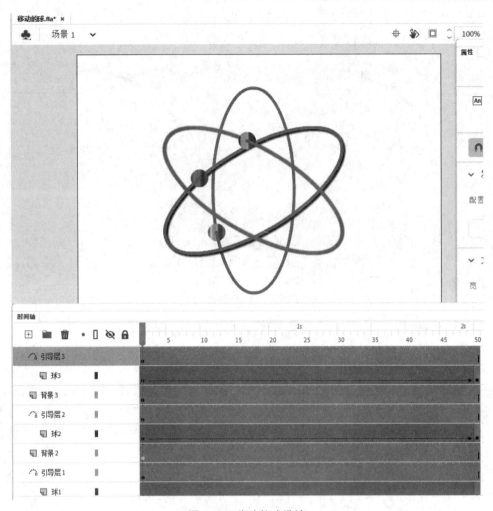

图 5-67　移动的球设计

5.9　案例 9　文字特效

【要求】

制作"文字特效"动画：环形文字"信息科学与工程学院欢迎你"，其中"信息科学""与工程学院""欢迎你"三组文字各使用一种动画；除了"欢迎你"的其他文字依次出现；文字先填上多彩色，再将多彩色去除显示；最终效果如图 5-68 所示。

【知识点】

分散到图层、重置选区和变形、文本工具、复制动画、预设动画

【操作步骤】

(1) 新建一个 An 文档，单击"文本工具"，设置"华文彩云、70 点"，在舞台上方中部位置输入一个"信"。单击"任意变形工具"，拖动文字中心注册点到舞台中央位置附近。

(2) 打开"变形"面板，单击"重置选区和变形"1 次，此时看起来没什么反应；"变形"面板中设置旋转角度为 30°后按 Enter 键，舞台上会出现另一个旋转之后的字，再单击"重置选

图 5-68　文字特效效果图

区和变形"10 次。单击"文本工具",光标选中要修改的文字,然后修改文字,原来所有字都是"信",改成"信息科学与工程学院欢迎你",如图 5-69 所示,用"选择工具"拖动选中所有文字,利用键盘方向键将文字圆尽量调整到舞台中央位置。

（3）复制图层"图层_1"后,锁定"图层_1"图层。单击"图层_1_复制"图层,所有文字选中,右击选中的文字,在弹出的快捷菜单中选择"分散到图层",删除"图层_1_复制"图层。按 Ctrl+A 组合键,选中所有文字,按 Ctrl+B 组合键分离文字。

（4）使用"颜料桶工具",在"属性"面板中设置填充色为多彩色,将文字填充成适合的颜色,如图 5-70 所示。

图 5-69　圆形文字　　　　　　　　　　图 5-70　文字填充后

（5）单击"信"图层,选择"窗口"|"动画预设",在弹出的"动画预设"面板中选择"默认预设"中的"2D 放大",如图 5-71 所示,单击"应用"按钮。右击"信"图层已创建的任意帧,在弹出的快捷菜单中选择"复制动画";分别右击"息""科""学"图层第 1 帧,在弹出的快捷菜单中选择"粘贴动画"。这样"信""息""科""学"文字都应用了"2D 放大"动画。

（6）将"与""工""程""学""院"文字都应用"脉搏"动画。将"欢""迎""你"文字都应用"3D 螺旋"动画。

（7）单击"息"图层,将光标指向图层第 1 帧,拖动到第 2 帧,这样这一层动画从第 2 帧开始了。单击"科"图层,光标指向图层第 1 帧,拖动鼠标到第 3 帧,这样这一

图 5-71　动画预设选择

203

Animate 动画设计与制作

层动画从第 3 帧开始了,同样处理"学""与""工""程""学""院"图层,使得各图层动画可依次出现。

(8) 分别选中所有图层第 60 帧,按 F6 键。移动"图层_1"第 1 帧到第 60 帧,此时该图层第 1 帧为空白帧。单击第 70 帧,按 F6 键。时间轴设计如图 5-72 所示。

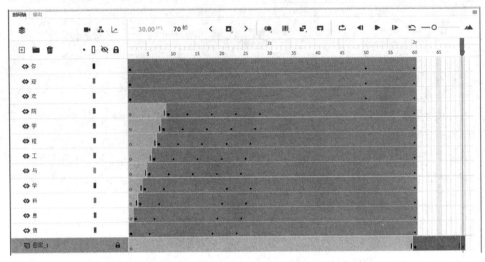

图 5-72　文字特效时间轴设计

(9) 保存影片为"文字特效.fla",测试影片效果。

5.10　案例 10　拼图游戏

【要求】

An 时间轴上的帧指针默认是按顺序一帧一帧地往前走,也就是按序进行播放。如果需要改变帧指针的播放顺序,就必须在关键帧上添加必要的脚本代码,这种脚本称为帧动作。

要求制作"拼图游戏"动画:从网上搜索下载一幅风景图,分割成 9 份子图片,散落在外面,然后将其拼成原图样。效果说明如下。

(1) 拼图初始状态,如图 5-73 所示,右上角显示图片原图,可用来拼图参照。

(2) 拼图过程状态,如图 5-74 所示,左上角区域为拼图区域,可拖动子图片到此区域,如果拼的位置正确,则留在拼图区域,不正确则返回原位置。

(3) 拼图成功状态,如图 5-75 表示,出现"拼图成功!"字样。

(4) 单击"再来"按钮,恢复到拼图初始状态,可重新开始拼图。

【知识点】

矩形工具、转换为元件、影片剪辑元件、按钮元件、ActionScript 脚本语言高级动画

【操作步骤】

1. Photoshop 中分割图片

(1) 网上搜索下载一幅风景图,用 Photoshop 打开该图,使用裁剪工具,工具选项宽度设置为 600px、高度设置为 450px,裁剪图片,存储为"风景原图.jpg"。新建垂直参考线

图 5-73　拼图初始状态

图 5-74　拼图过程中

200px、400px,水平参考线 150px、300px。

（2）打开 Photoshop 工具箱的"切片工具",在工具选项中单击"基于参考线的切片"按钮,将图片切成 9 份,如图 5-76 所示。

（3）选择"文件"|"导出"|"存储为 Web 所用格式",弹出"存储为 Web 所用格式"对话框,默认设置,单击"存储"按钮,弹出"将优化结果存储为"对话框,指定图片保存位置,将文件命名为 p.gif,单击"保存"按钮。在图片保存文件夹中增加了 images 子文件夹,打开后,

206

图 5-75　拼图成功效果

图 5-76　切片效果

里面已经保存有 9 幅分割完成的图片,如图 5-77 所示。

(4) 不保存"风景原图.jpg"图片,退出 Photoshop。

2. 创建拼图区域

(1) 打开 An 应用程序,新建 ActionScript 3.0 文档,文档大小设置为 1000×800px,保存为"拼图游戏.fla"。

(2) 将"风景原图.jpg"和 images 子文件夹中的 9 幅图片导入库中。

(3) 选择工具箱"矩形工具",在"属性"面板"矩形工具"下方选中"对象绘制模式"选项

图 5-77 分割后图片

,在舞台上画一无笔触任意填充色的矩形,在"属性"面板中设置宽为 200px、高为 150px。右击矩形,在弹出的快捷菜单中选择"转换为元件",弹出"转换为元件"对话框,名称为"j",类型为"影片剪辑",单击"确定"按钮。

(4) 先复制矩形 2 个,用"对齐"面板对齐,使其并列显示在左上角;选中第一排 3 个矩形,复制到第 2、3 排,移动调整矩形使其形成规整的拼图区域。

(5) 分别单击各矩形,在"属性"面板中设置实例名称分别为 j1、j2、j3(第一排)、j4、j5、j6(第 2 排)、j7、j8、j9(第 3 排)。请注意实例名称中字母均为小写,以下同。

3. 其他界面设计

(1) 拖动库中的"风景原图.jpg"图片到舞台右上角,使用"变形"面板将图片等比例缩小至原来的 65%。

(2) 拖动库中的 p_01.gif~p_09.gif 到舞台合适位置,"风景原图"下方一个为 p_08.gif(位置 X:680,Y:300);拼图区域下方一排为:p_09.gif(X:20,Y:470)、p_01.gif(X:240,Y:470)、p_04.gif(X:460,Y:470)、p_03.gif(X:680,Y:470);舞台最后一排为:p_05.gif(X:20,Y:640)、p_06.gif(X:240,Y:640)、p_02.gif(X:460,Y:640)、p_07.gif(X:680,Y:640)。此时设计界面如图 5-78 所示。

(3) 将子图片 p_01.gif 转化为影片剪辑元件 p1,并在"属性"面板中设置实例名称为p1。其他子图片也转换成相应影片剪辑元件 p2~p9,并在"属性"面板中设置实例名称分别为 p2~p9。

(4) 在舞台右边空隙处输入"拼图成功!"文字,转化为影片剪辑元件,并将实例名称改为 finishtext。在舞台右下角,新建并插入按钮元件,元件中输入文字"再来",修改按钮元件实例名称为 againbutton。

4. 加入代码

(1) 新建一图层,命名为 AS。按 F9 键或者右击第 1 帧,在弹出的快捷菜单中选择"动作",进入代码编辑状态。输入以下代码并调试测试。

图 5-78　拼图游戏设计界面 1

```
finishtext.visible = false;                              //拼图成功标记
var f1,f2,f3,f4,f5,f6,f7,f8,f9:Boolean = false ;         //各子图片拼成功标记
p1.addEventListener(MouseEvent.MOUSE_DOWN,ClickToDrag1); //侦听 p1 中鼠标按下事件并处理
function ClickToDrag1(event:MouseEvent):void
{p1.startDrag();}                                        //p1 保持可拖动状态
stage.addEventListener(MouseEvent.MOUSE_UP, ReleaseToDrop1); //侦听鼠标释放事件并处理
function ReleaseToDrop1(event:MouseEvent):void
{if(p1.hitTestObject(j1))                                //检测两个对象是否发生碰撞
    { p1.x = j1.x; p1.y = j1.y; f1 = true;              //p1 放置到矩形 j1 位置,并标记
        if(f1 && f2 && f3 && f4 && f5 && f6 && f7 && f8 && f9 )
            {finishtext.visible = true;}                //如果全部放置完成,则显示
        }else {p1.x = 240;p1.y = 470;}                  // 没碰撞到,则拖动的对象回到原位置
    p1.stopDrag();}                                     // p1 停止拖动
p2.addEventListener(MouseEvent.MOUSE_DOWN, ClickToDrag2); //侦听 p2 中鼠标按下事件并处理
function ClickToDrag2(event:MouseEvent):void
{      p2.startDrag();}
stage.addEventListener(MouseEvent.MOUSE_UP, ReleaseToDrop2);
function ReleaseToDrop2(event:MouseEvent):void
{      if(p2.hitTestObject(j2))
    {      p2.x = j2.x; p2.y = j2.y; f2 = true;
        if(f1 && f2 && f3 && f4 && f5 && f6 && f7 && f8 && f9 )
        {finishtext.visible = true;}
        }else      {p2.x = 460; p2.y = 640; }
    p2.stopDrag();}
p3.addEventListener(MouseEvent.MOUSE_DOWN, ClickToDrag3); //侦听 p3 中鼠标按下事件并处理
function ClickToDrag3(event:MouseEvent):void
{      p3.startDrag();}
stage.addEventListener(MouseEvent.MOUSE_UP, ReleaseToDrop3);
function ReleaseToDrop3(event:MouseEvent):void
{      if(p3.hitTestObject(j3))
    {      p3.x = j3.x; p3.y = j3.y; f3 = true;
```

```
        if(f1 && f2 && f3 && f4 && f5 && f6 && f7 && f8 && f9 )
        { finishtext. visible = true;}
        } else     {p3.x = 680; p3.y = 470; }
        p3. stopDrag(); }
p4. addEventListener(MouseEvent.MOUSE_DOWN, ClickToDrag4);    //侦听 p4 中鼠标按下事件并处理
function ClickToDrag4(event:MouseEvent):void
{    p4. startDrag();}
stage. addEventListener(MouseEvent.MOUSE_UP,ReleaseToDrop4);
function ReleaseToDrop4(event:MouseEvent):void
    {    if(p4. hitTestObject(j4))
        {    p4.x = j4.x; p4.y = j4.y; f4 = true;
            if(f1 && f2 && f3 && f4 && f5 && f6 && f7 && f8 && f9 )
        {finishtext. visible = true;}
        } else     {p4.x = 460; p4.y = 470; }
        p4. stopDrag();}
p5. addEventListener(MouseEvent.MOUSE_DOWN, ClickToDrag5);    //侦听 p5 中鼠标按下事件并处理
function ClickToDrag5(event:MouseEvent):void
{    p5. startDrag();}
stage. addEventListener(MouseEvent.MOUSE_UP, ReleaseToDrop5);
function ReleaseToDrop5(event:MouseEvent):void
{    if(p5. hitTestObject(j5))
        {    p5.x = j5.x; p5.y = j5.y; f5 = true;
            if(f1 && f2 && f3 && f4 && f5 && f6 && f7 && f8 && f9 )
        {finishtext. visible = true;}
        } else     {p5.x = 20; p5.y = 640; }
        p5. stopDrag();}
p6. addEventListener(MouseEvent.MOUSE_DOWN, ClickToDrag6);    //侦听 p6 中鼠标按下事件并处理
function ClickToDrag6(event:MouseEvent):void
{    p6. startDrag();}
stage. addEventListener(MouseEvent.MOUSE_UP, ReleaseToDrop6);
function ReleaseToDrop6(event:MouseEvent):void
{    if(p6. hitTestObject(j6))
    {    p6.x = j6.x; p6.y = j6.y; f6 = true;
        if(f1 && f2 && f3 && f4 && f5 && f6 && f7 && f8 && f9 )
        {finishtext. visible = true;}
        } else {p6.x = 240; p6.y = 640; }
    p6. stopDrag();}
p7. addEventListener(MouseEvent.MOUSE_DOWN, ClickToDrag7);    //侦听 p7 中鼠标按下事件并处理
function ClickToDrag7(event:MouseEvent):void
{    p7. startDrag();}
stage. addEventListener(MouseEvent.MOUSE_UP, ReleaseToDrop7);
function ReleaseToDrop7(event:MouseEvent):void
{    if(p7. hitTestObject(j7))
    {    p7.x = j7.x; p7.y = j7.y; f7 = true;
        if(f1 && f2 && f3 && f4 && f5 && f6 && f7 && f8 && f9 )
        {finishtext. visible = true;}
        }else     {p7.x = 680; p7.y = 640 }
        p7. stopDrag();}
p8. addEventListener(MouseEvent.MOUSE_DOWN, ClickToDrag8);    //侦听 p8 中鼠标按下事件并处理
function ClickToDrag8(event:MouseEvent):void
{    p8. startDrag();}
stage. addEventListener(MouseEvent.MOUSE_UP,ReleaseToDrop8);
function ReleaseToDrop8(event:MouseEvent):void
{    if(p8. hitTestObject(j8))
```

```
         {   p8.x = j8.x; p8.y = j8.y; f8 = true;
             if(f1 && f2 && f3 && f4 && f5 && f6 && f7 && f8 && f9 )
             {finishtext.visible = true;}
             } else {p8.x = 680; p8.y = 300; }
             p8.stopDrag();}
p9.addEventListener(MouseEvent.MOUSE_DOWN,ClickToDrag9);      //侦听 p9 中鼠标按下事件并处理
function ClickToDrag9(event:MouseEvent):void
{    p9.startDrag();}
stage.addEventListener(MouseEvent.MOUSE_UP, ReleaseToDrop9);
function ReleaseToDrop9(event:MouseEvent):void
{    if(p9.hitTestObject(j9))
     {   p9.x = j9.x; p9.y = j9.y; f9 = true;
         if(f1 && f2 && f3 && f4 && f5 && f6 && f7 && f8 && f9 )
         {finishtext.visible = true;}
         } else {p9.x = 20; p9.y = 470; }
         p9.stopDrag();}
againbutton.addEventListener(MouseEvent.CLICK, MouseClickHandler);
//"再来"按钮侦听单击事件,将所有子图片复原,并将标记都设置成原始状态.
function MouseClickHandler(event:MouseEvent):void
{ play();p8.x = 680;p8.y = 300; p9.x = 20; p9.y = 470; p1.x = 240;p1.y = 470; p4.x = 460;p4.y
= 470;
p3.x = 680;p3.y = 470; p5.x = 20; p5.y = 640; p6.x = 240;p6.y = 640; p2.x = 460;p2.y = 640; p7.x =
680;p7.y = 640;
     finishtext.visible = false;
f1 = false,f2 = false, f3 = false, f4 = false, f5 = false, f6 = false, f7 = false, f8 = false, f9 =
false ;}
```

（2）此时 An 设计窗口如图 5-79 所示，"库"面板中有设计界面中所有用到的素材。测试并保存影片。

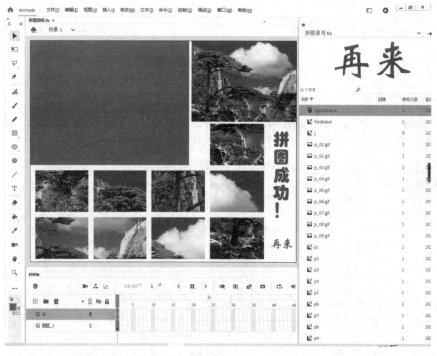

图 5-79　拼图游戏设计界面 2

5.11 拓展操作题

1. 已有小鸟飞翔的 7 个静态图片,如图 5-80 所示,创建"小鸟飞翔"动画。如何将小鸟飞翔动作减慢些?请分别使用改变帧速率和总帧数方法实现。

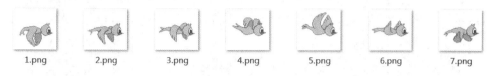

图 5-80　小鸟飞翔

2. 现有"操场航拍.jpg"和"跑步人.gif"两素材文件,要求制作跑步人顺着操场跑步,操场中间显示从右向左滚动的文字"宁波大学欢迎你",效果如图 5-81 和图 5-82 所示。

图 5-81　操场跑步效果 1

提示:

(1) 跑步人跑步部分用影片剪辑元件来完成。

(2) 跑步人绕操场跑步用引导动画完成。

(3) 中间"宁波大学欢迎你"文字用遮罩动画完成。

3. 按以下要求制作动画:

(1) 设置电影舞台的大小为 300×300px,背景色为淡黄色(颜色值为♯FFFFCC)。

(2) 整个动画共占 30 帧;在舞台正中央绘制一个等边三角形 ABC;要求:①将等边三角形所在图层命名为"图形"层;②等边三角形的边长为 200px,底边 BC 水平,边线的颜色为蓝色、线宽为 2px,类型为实线,填充类型为无。

(3) 制作一个画出等边三角形底边上的高 AD 的变形动画;要求:①高单独占一层,名称为"高"层;②高的颜色为红色、线宽为 2px,类型为实线;③高由长度为 1 像素的线段逐

图 5-82　操场跑步效果 2

渐伸长得到，并以 A 点为起点。

（4）标注字母 ABCD；要求：①所有标注字母单独占一层，并命名为"文字"层；②标注字母字体为隶书、颜色为红色、字号为 20、位置适当。

4. 自创一个 An 案例：可网上搜索原材料，再利用形状补间动画、引导动画、遮罩动画、影片剪辑元件等知识点合成最后效果。

第6章 Audition 音频编辑与处理

6.1 案例 古诗录制编辑并配乐

【要求】

熟悉 Adobe Audition 2020 软件,录制古诗《明日歌》的配音,进行简单编辑,并进行人声处理,最后给古诗配乐,具体要求如下。

(1) 录制《明日歌》古诗,将录音文件分别保存为"明日歌.wav"和"明日歌.mp3"。

(2) 打开"明日歌.wav",进行降噪处理、标准化处理、压限处理以及升调处理,最后保存成 MP3 文件。

(3) 背景音乐裁剪一段并保存成 MP3 文件。

(4) 新建会话,利用多轨编辑器合成裁剪的背景音乐和处理后的古诗录制声音。

(5) 将诗歌和背景音乐混缩到新文件,并为混缩文件添加"大会堂"混响效果。

【知识点】

录音、降噪处理、压限处理、标准化处理、变速与变调、合成音乐

【操作步骤】

1. 录音

(1) 录音准备:请将自备带麦克风的耳机(一般手机自带的耳麦即可)连接计算机,戴上耳机;将计算机系统音量调到最大。

(2) 启动 Adobe Audition,选择"文件"|"新建"|"音频文件",打开"新建音频文件"对话框,如图 6-1 所示,单击"确定"按钮,进入波形"编辑器"窗口。

(3) 单击"编辑器"面板控制中的"录制"按钮,为了以后给声音进行降噪处理,过几秒后再开始正式录音。录音文字如下。

图 6-1 "新建音频文件"对话框

明日歌

明日复明日,明日何其多。

我生待明日,万事成蹉跎。

世人若被明日累,春去秋来老将至。

朝看水东流,暮看日西坠。

百年明日能几何?请君听我明日歌。

（4）如果硬件和软件设置正常，在波形编辑视图中，"编辑器"会显示出录制的声音波形。录音完成后音频波形如图 6-2 所示。

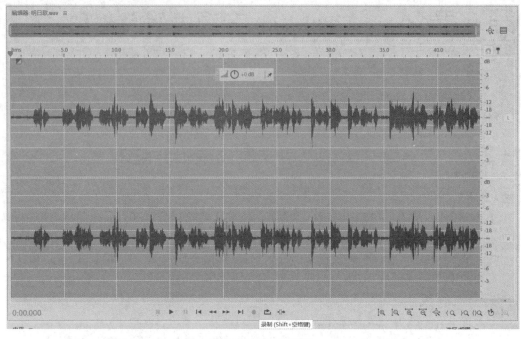

图 6-2   波形编辑器

（5）录音结束时再次单击"录制"按钮即可停止录音。如果录制不理想，可以不保存文件，或者利用 Ctrl＋A 组合键全选，单击 Delete 键删除后重新开始录音。

（6）选择"文件"|"另存为"命令，打开如图 6-3 所示"另存为"对话框，选择文件存储位置，输入文件名"明日歌"，单击"确定"按钮。将录制好的声音保存为声音文件，默认将声音波形存储为 WAV 波形文件。

（7）再次打开"另存为"对话框，修改文件格式为"MP3 音频"，如图 6-4 所示，保存为"明日歌.mp3"文件。比较不同声音格式的文件大小。

（8）选择菜单"文件"|"全部关闭"，关闭所有文件。

2. 降噪处理

（1）选择"文件"|"打开"，弹出"打开文件"对话框，选择"明日歌.wav"打开。

（2）拖动选择人声录制前的环境噪声波形，选择"效果"|"降噪/恢复"|"降噪（处理）"命令，打开"效果-降噪"对话框，如图 6-5 所示，降噪参数采用默认值，单击"捕捉噪声样本"按钮，采集当前选区为噪声样本。

可通过单击"保存" ![按钮] 按钮，把噪音样本保存到指定的文件，这样以后在同一环境进行录音就不需要再采集噪声样本了，可通过"加载" ![按钮] 按钮，加载硬盘中的噪声样本。

（3）单击"选择完整文件"按钮，将需要降噪的整个波形选中，然后单击"应用"按钮开始降噪处理。降噪后波形如图 6-6 所示，可以发现人声前面的波形几乎变成了一条直线。

3. 标准化处理

标准化属于幅度类效果器，用于将声音提升到最大不失真的音量。

图 6-3　WAV 格式保存

图 6-4　MP3 格式保存

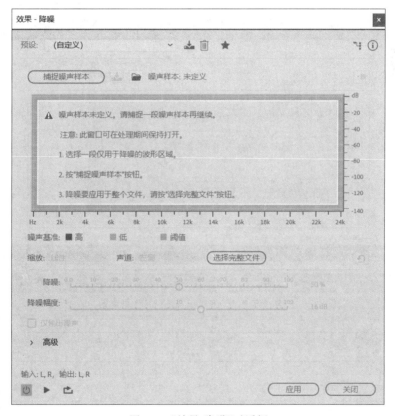

图 6-5　"效果-降噪"对话框

（1）选择"效果"|"振幅与压限"|"标准化（处理）"命令，打开如图 6-7 所示的"标准化"对话框，单击"应用"按钮即可标准化波形振幅。

（2）标准化后波形如图 6-8 所示，与前面波形比较，可以发现声音提升到了最大不失真的音量。另存文件为"明日歌（标准化）.wav"。

4. 压限处理

压限处理是使声音幅度的变化更加平滑，避免声音的忽高忽低，调节某个范围内的声音

Audition 音频编辑与处理

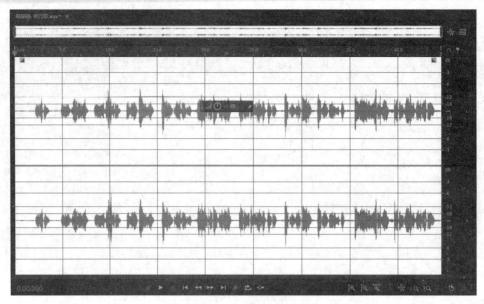

图 6-6　降噪后波形

图 6-7　"标准化"对话框

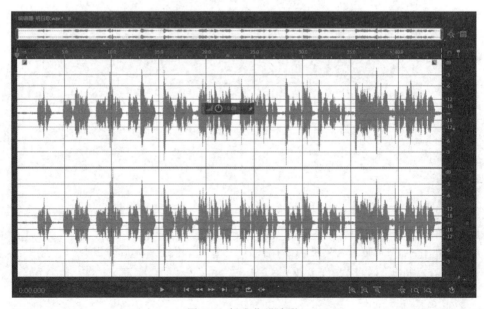

图 6-8　标准化后波形

电平的大小。把振幅很高的波形降低,振幅较低的则进行适当提升。

(1) 选择"效果"|"振幅与压限"|"动态处理"命令,打开"效果-动态处理"对话框。横坐标表示输入音量的大小,从左到右递增,纵坐标表示经过效果处理器后的声音大小,从下往上递增,默认为一根斜线,表示输入与输出一样。可以在曲线上单击增加控制点,用鼠标拖动控制点可以改变动态处理曲线的形状,来实现所需要的处理效果。

(2) 这里在"预设"下拉列表框中选择"柔和限幅-24dB"选项,如图 6-9 所示,单击"应用"按钮即可使声音变化更加平缓。另存文件为"明日歌(压限处理).wav"。

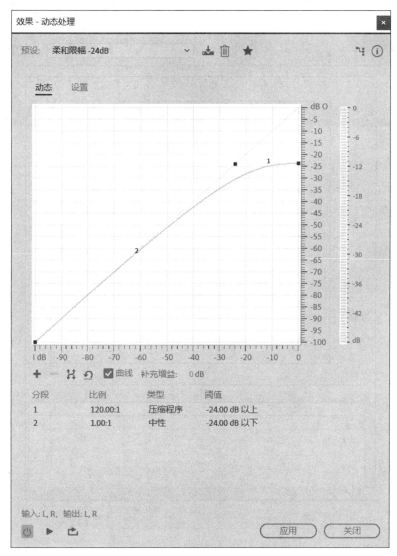

图 6-9 "效果-动态处理"对话框

(3)"明日歌(压限处理)"波形如图 6-10 所示。

5. 变速与变调处理

声音的变速用于处理声音的速度与持续的时间变化,主要效果选项有:倍速、减速、加速、升调、快速讲话、降调等。

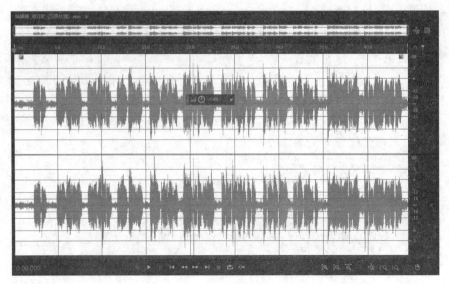

图 6-10　明日歌(压限处理)

(1) 选择"效果"|"时间与变调"|"伸缩与变调(处理)"命令,打开如图 6-11 所示的"效果-伸缩与变调"对话框。这里在"预设"下拉列表框中选择"升调"选项,通过"新持续时间"的设置,可以改变声音播放速度。

图 6-11　"效果-伸缩与变调"对话框

(2) 单击"预览播放"按钮可以预听声音变调效果,单击"应用"按钮可实现声音变调处理。另存声音文件为"明日歌(变).mp3"。

6. 背景音乐裁剪

(1) 选择"文件"|"导入"|"文件"命令,打开"导入文件"对话框,选择相应的背景音乐(比如"时间都去哪了.mp3")文件。

（2）双击打开该文件，在单轨编辑状态下，利用选区/视图窗口选取 3∶16～4∶06 秒，如图 6-12 所示。

（3）右击选区，在弹出的快捷菜单中选择"裁剪"选项。另存已裁剪的声音文件为"时间都去哪了（裁剪）.mp3"。

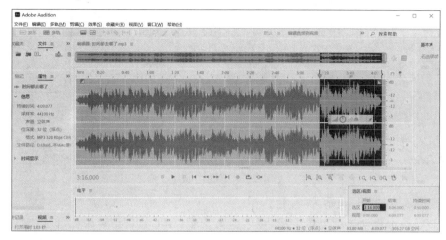

图 6-12　裁剪音乐

7. 多轨编辑器

（1）选择"视图"|"多轨编辑器"命令，打开"新建多轨会话"对话框，选择相应的文件夹保存位置，"会话名称"中输入"明日歌朗诵"，如图 6-13 所示，单击"确定"按钮。

图 6-13　"新建多轨项目"对话框

（2）右击"文件"面板中的背景音乐"时间都去哪了（裁剪）"，在弹出的快捷菜单中选择"插入到多轨混音中"|"明日歌朗诵"。

（3）单击轨道 2，再右击"明日歌（变）"，在弹出的快捷菜单中选择"插入到多轨混音中"|"明日歌朗诵"。

（4）背景音乐在轨道 1，诗歌朗诵在轨道 2。向右拖动轨道 2 中的"明日歌（变）"最开始位置，使其从 2s 处开始，如图 6-14 所示。

8. 音量包络编辑

包络是指某个参数随时间的变化。音量包络是指音频波形随时间变化而产生的音量变化，也就是音量变化的走势曲线。通过控制音量包络曲线来改变某个音轨上音频信号的音量大小，是非常直观的方法。多轨编辑状态下，每个音频轨道波形上有一根淡黄色的音量包

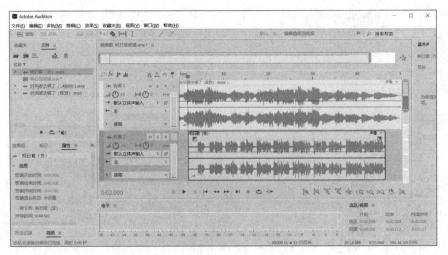

图 6-14　多轨合成

络控制线,光标指向它时显示为"音量"。

(1) 直接往上拖动淡黄色包络线,可以提高音量,往下拖动可以降低音量,单击它可添加控制点,拖动这些控制点可以改变音量的大小。一边播放,一边试着拖动音量包络线以及添加控制点,如图 6-15 所示。

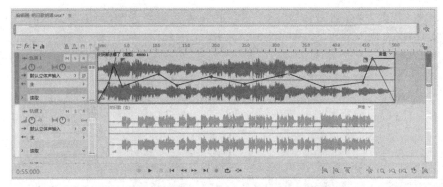

图 6-15　音量包络线

(2) 淡化是指音量的逐渐变化,音量由小到大的变化称为淡入,音量由大到小的变化称为淡出。针对选中激活的波形,在左上方有一个"淡入" ◢ 图标,往右拖动该图标即可快速拉出一根淡入包络线。在右上方有一个"淡出" ◣ 图标,往左拖动该图标即可快速拉出一根淡出包络线。参照如图 6-15 所示,设置淡入淡出效果。

9. 将诗歌和背景音乐混缩到新文件

(1) 选择"文件"|"保存"命令,保存"明日歌朗诵.sesx"会话文件。

(2) 选择"文件"|"导出"|"多轨混音"|"整个会话"命令,弹出"导出多轨混音"对话框,选择相应的文件夹位置,选择 MP3 格式,文件名为"明日歌朗诵_缩混",如图 6-16 所示。单击"确定"按钮即可完成混缩输出。

10. 为混缩文件添加混响效果

(1) 选择"文件"|"全部关闭",关闭所有文件。

(2) 选择"文件"|"打开",弹出"打开文件"对话框,选择"明日歌朗诵_缩混.mp3"打开。

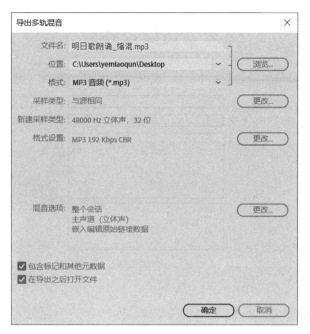

图 6-16   混缩输出

（3）在单轨编辑界面，选择"效果"|"混响"|"完全混响"命令，打开"效果-完全混响"对话框，在"预设"选项中选择"大会堂"，如图 6-17 所示，单击"应用"按钮。利用"文件"|"另存为"菜单，保存声音文件名为"明日歌朗诵_完成"。

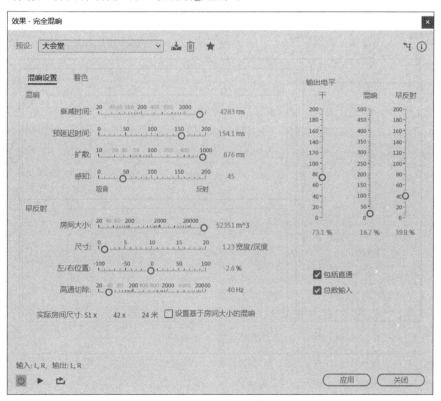

图 6-17   "效果-完全混响"对话框

Audition 音频编辑与处理

6.2　拓展操作题

1. 任选一些音频素材，通过 Adobe Audition 进行编辑并添加一定效果，制作一段有个性的手机铃声。

2. 下载自己喜欢的歌曲伴奏，用 Adobe Audition 录制并合成一首音乐作品。

第7章　Premiere 视频编辑与处理

7.1　案例1　十二生肖

【要求】

已有十二生肖图"01 鼠.jpg""02 牛.jpg""03 虎.jpg""04 兔.jpg""05 龙.jpg""06 蛇.jpg""07 马.jpg""08 羊.jpg""09 猴.jpg""10 鸡.jpg""11 狗.jpg""12 猪.jpg""背景音乐.mp3",如图 7-1 所示。

图 7-1　十二生肖素材

利用十二生肖图制作视频,部分效果如图 7-2 所示。具体要求如下。

(1) 鼠图片播放持续时间为 8s,其他图片持续时间为 5s。

(2) "01 鼠.jpg""03 虎.jpg"等单号图片先放大再缩小动画效果;"02 牛.jpg"等双号图片先放大再缩小,并且实现从暗到明的显示过程。

(3) 虎图片变成黑白图片,并且加上"百叶窗"视频效果,该效果还要求制作"过渡完成"属性动画。

(4) 复制虎图片属性到龙图片,恢复龙图片彩色效果,百叶窗效果与虎相同。

(5) 马与羊之间使用"立方体旋转"视频过渡效果。羊和猴之间添加"棋盘"视频过渡效果。鸡和狗之间添加"翻页"视频过渡效果。

(6) 加上背景音乐,并设置音量变化效果;加入与图片相符的字幕。

【知识点】

视频效果、视频过渡、加入背景音乐、添加字幕、渲染输出

【操作步骤】

1. 新建项目和序列

(1) 启动 Adobe Premiere 2020,选择"文件"|"新建"|"项目",打开"新建项目"对话框,

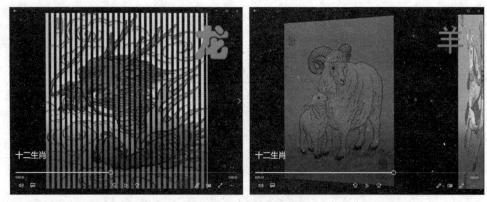

图 7-2　十二生肖效果

指定文件保存的位置(比如"d:\001")和名称("生肖视频"),也可以设置其他常规选项,这里采用默认设置,单击"确定"按钮。

(2)选择"文件"|"新建"|"序列",打开"新建序列"对话框,选择序列预设 DV-PAL 下的"标准 32kHz",单击"确定"按钮。

2. 导入素材

(1)选择"文件"|"导入",或者双击左下角"项目"面板,打开"导入"对话框。打开图片所在的文件夹,选择所有要导入的图片"01 鼠.jpg""02 牛.jpg""03 虎.jpg"……(图片文件名命名时汉字前最好有个序号,以便于自动排序),单击"打开"按钮。

(2)导入的图片都会显示在左下角"项目"面板中,按住 Shift 键,先单击"01 鼠.jpg",再单击"12 猪.jpg",这样就连续选择了所有图片,松开 Shift 键。执行菜单"剪辑"|"插入"。这样所有图片都插入视频 V1 轨道中了,默认图片将按照选择顺序依次排列,此时每张静态图片的持续时间都是 5s,如图 7-3 所示。

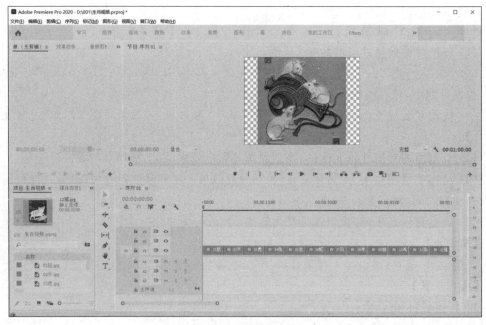

图 7-3　导入所有图片

如果静态图像默认的持续时间不是 5s,可选择"编辑"|"首选项"|"时间轴",打开"首选项"对话框,设置"静止图像默认持续时间"为 5.00s。

3. "时间轴"面板

(1)"时间轴"面板主要由时间标尺、播放头、视频轨道、音频轨道和缩放时间标尺组成。在时间轴"序列 01"中,可以单击时间标尺或者拖动播放头到其他位置,也可以单击"时间轴"面板中左上角显示的时间显示框 00:00:00:00 (默认时间码格式为"小时:分钟:秒钟:帧"),直接修改可进行精确定位,这时播放头也会跟过来。简便的方法是直接输入数字,比如输入 2007 后按 Enter 键,直接可以定位到 00:00:20:07,拖动时间轴最下方的缩放时间标尺,使轨道对象显示放大,如图 7-4 所示,此时可以看到图片名称。

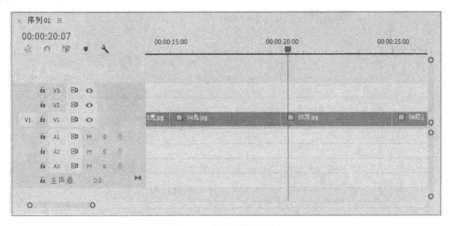

图 7-4 "时间轴"面板

(2)在"时间轴"面板中,右击"01 鼠.jpg",在弹出的快捷菜单中选择"速度/持续时间",弹出"剪辑速度/持续时间"对话框,如图 7-5 所示。将持续时间改为 8s,选中"波纹编辑,移动尾部剪辑"复选框,单击"确定"按钮。

4. "效果控件"面板属性动画

(1)将时间轴定位在 00:00:00:00,单击选中"01鼠.jpg"图片,选择"窗口"|"效果控件",在"效果控件-序列 01 * 01 鼠.jpg"面板中,展开"fx 运动"选项,单击"缩放"前面的码表按钮 🕐,按钮变成 🕐,设置"缩放"属性为 50。

图 7-5 持续时间调整

(2)将时间轴定位在 00:00:05:00,设置"缩放"属性为 100。将时间轴定位在 00:00:08:00,设置"缩放"属性为 80。

(3)展开"缩放"属性,可以发现在效果控件右边建立了三个关键帧,如图 7-6 所示。此时实现了鼠图片从 50% 逐步放大到 100%,再逐步缩小至 80% 动画效果。

(4)设置完毕后,将播放头拖回到 00:00:00:00,在"节目:序列 1"窗口中,单击"播放-停止切换"按钮中的播放按钮 ▶,可以看到图片先放大再缩小的效果。单击"停止"按钮 ■ 停止播放。也可以直接拖动时间轴播放头预览效果。

（5）在"序列 01"时间轴中，右击第 1 张图片，在弹出的快捷菜单中选择"复制"，然后右击第 2 张图片，在弹出的快捷菜单中选择"粘贴属性"命令，弹出"粘贴属性"对话框，默认设置，单击"确定"按钮。拖动播放头观察，可以发现第 2 张图片也实现了先放大再缩小的效果。

（6）将时间轴定位在 00:00:08:00，单击选中"02 牛.jpg"图片，在"效果控件-序列 01 ∗ 02 牛.jpg"面板中，选中 fx"不透明度"|"不透明度"前面的码表，设置"不透明度"属性为 30%；将时间轴定位在 00:00:13:00，设置不透明度为 100%。预览播放可以看到牛图片从暗到明的过程。

（7）参照第（5）步，将序号为单号的图片的属性设置为和第 1 张图片一样，双号的图片的属性设置为和第 2 张图片的一样。

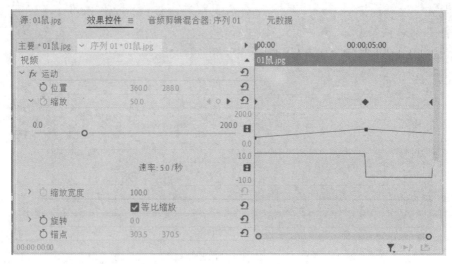

图 7-6　缩放效果设置

5. 视频效果

（1）选择"窗口"|"效果"，单击"效果"面板中的"视频效果"|"图像控制"|"黑白"选项，如图 7-7 所示，拖动"黑白"到时间轴上的"03 虎.jpg"图片。

（2）选中时间轴中"03 虎.jpg"，在"效果控件-序列 01 ∗ 03 虎.jpg"面板中出现了"fx 黑白"选项，拖动播放头，可以看到该图片变成了黑白图片。

（3）将时间轴定位在 00:00:15:12，在"效果"面板中，单击"视频效果"|"过渡"|"百叶窗"选项，拖动该选项到时间轴上的"03 虎.jpg"图片。

图 7-7　黑白效果

（4）在"效果控件-序列 01 ∗ 03 虎.jpg"面板中出现了"fx 百叶窗"选项，选中"过渡完成"属性前面的码表，设置"过渡完成"属性为 0%；再将时间轴定位在 00:00:18:00，设置"过渡完成"属性为 80%。

（5）将时间轴定位在 00:00:16:00，可以看到"百叶窗"效果，如图 7-8 所示。

（6）将"序列 01"时间轴中，将"03 虎.jpg"图片属性复制到"05 龙.jpg"图片。

（7）单击选中"05 龙.jpg"图片，在"效果控件"面板中，右击"fx 黑白"中的文字，在弹出的快捷菜单中,选择"清除"将其删除。"百叶窗"效果保留。

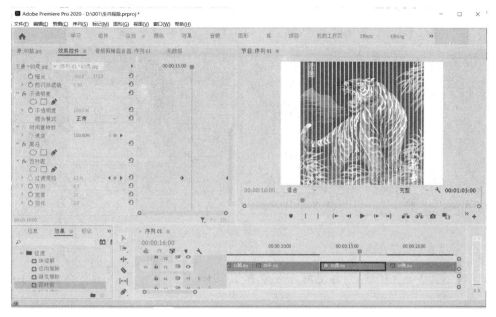

图 7-8　百叶窗效果

6. 视频过渡

(1) 在"效果"面板中,展开"视频过渡"|"3D运动"|"立方体旋转"选项,拖动该选项到时间轴上的"07 马.jpg"和"08 羊.jpg"之间。

(2) 单击"工具"面板中的"选择工具",再单击时间轴中插入的切换效果"立方体旋转",移动鼠标光标到其右边,当出现红色右中括号时,拖动其边界,延长该效果时间轴。拖动播放头到中间,节目监视器中可以看到效果,如图 7-9 所示。

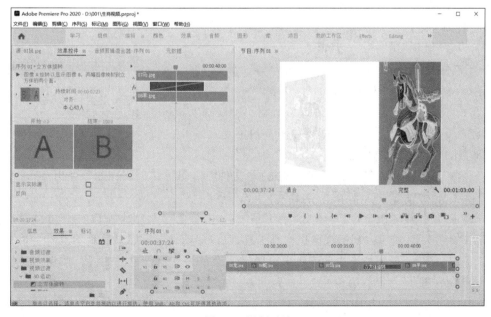

图 7-9　视频过渡

（3）参考以上步骤，在"08 羊.jpg"和"09 猴.jpg"之间添加"擦除"|"棋盘"视频过渡效果。在"10 鸡.jpg"和"11 狗.jpg"之间添加"页面剥落"|"翻页"视频过渡效果。在节目监视器中可以看到这些效果，如图 7-10 所示。

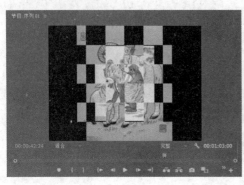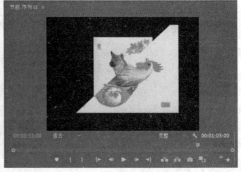

图 7-10　"棋盘"和"翻页"视频过渡

7. 背景音乐

视频一般都是有伴音的，这里导入背景音乐，并将音量降低，在开始处淡入，在结束处淡出。

（1）选择"文件"|"导入"，导入"背景音乐.mp3"，将时间轴定位在 00：00：00：00，拖动背景音乐到音频 A1 轨道的起始位置。

（2）由于背景音乐的长度与图片素材持续的时间不一样，所以要将其多余的部分删除。将时间轴定位在 00：01：03：00，单击选择"工具"面板中的"剃刀工具"，再单击音频 A1 播放头位置，将背景音乐在 00：01：03：00 处断开。

（3）单击选择"工具"面板中的"选择工具"，单击选中后面的背景音乐部分，按 Delete 键删除。

（4）选中插入的背景音乐，在"效果控件-序列 01 * 背景音乐.mp3"面板中展开"fx 音量"，将时间轴定位在 00：00：00：00，设置"级别"属性为"－50dB"；将时间轴定位在 00：00：05：00，设置"级别"属性为"－10dB"。

（5）将时间轴定位在 00：00：58：00，单击"级别"设置的右边按钮"添加/移除关键帧"，这样就添加了一个关键点，00：00：05：00～00：00：58：00 之间的级别均为"－10dB"。

（6）将时间轴定位在 00：01：03：00 处，设置"级别"为"－50dB"。

（7）展开"级别"属性，设置效果如图 7-11 所示。

8. "旧版标题"制作字幕

（1）将时间轴定位在 00：00：00：00，选择"文件"|"新建"|"旧版标题"，弹出"新建字幕"对话框，名称为"字幕 01"，如图 7-12 所示，单击"确定"按钮。

（2）打开字幕制作窗口，单击"文字工具"，再单击字幕制作窗口右上角位置，输入"鼠"字，如图 7-13 所示。利用该窗口选择工具，可以移动文字。如果显示不出汉字，请重新设置"字体系列"。使用填充中的颜色来设置字体颜色为红色。单击"关闭"按钮。这样"字幕 01"就制作好了。

（3）拖动"项目"面板中的"字幕 01"到视频 V2 轨道的开始处。利用"选择工具"，拖动延长字幕 01 的时间轴，使字幕 01 正好延续到图片 1 播放结束。

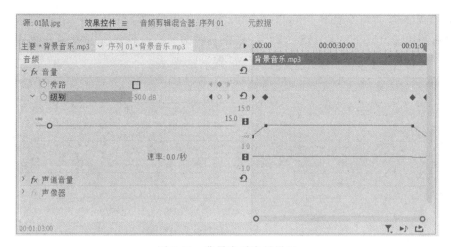

图 7-11　背景音乐音量设置

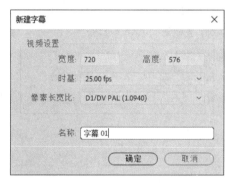

图 7-12　"新建字幕"对话框

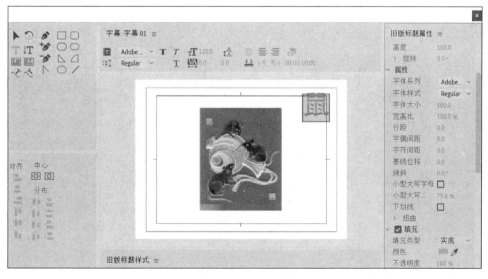

图 7-13　插入字幕

（4）右击"项目"面板中的"字幕 01"，在弹出的快捷菜单中选择"复制"，"项目"面板中将出现"字幕 01 复制 01"，可将其改名为"字幕 02"。同样的方法，复制其他字幕 03～字幕 12，将各字幕放入 V2 轨道中相应图片上方。

（5）播放头移动到各个图片中，再双击"时间轴"面板或"项目"面板中相应字幕，打开字幕制作窗口，利用该窗口文字工具修改文字。如果有些文字显示不出，请重新设置"字体系列"。

（6）参照以上步骤完成所有字幕制作，如图 7-14 所示。

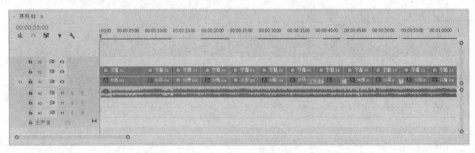

图 7-14　字幕制作完成

9. 保存和渲染输出

（1）选择"文件"|"保存"命令保存项目。

（2）在"项目"面板中，选中序列 01，选择"文件"|"导出"|"媒体"命令，弹出"导出设置"对话框，选择导出文件"格式"为"H.264"。

（3）单击"输出名称"右边的"序列 01.mp4"，弹出"另存为"对话框，设置合适位置，文件名输入"十二生肖.mp4"，单击"保存"按钮，返回"导出设置"对话框，如图 7-15 所示，单击"导出"按钮。

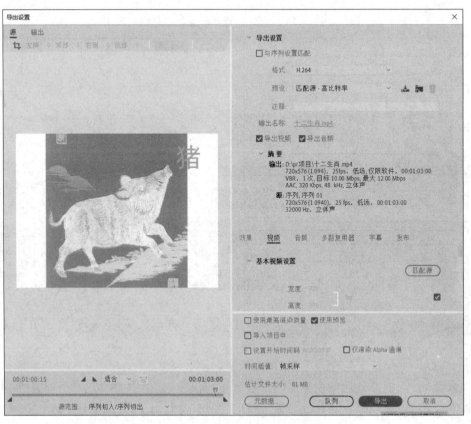

图 7-15　"导出设置"对话框

（4）选择"文件"|"项目管理"命令，弹出"项目管理器"对话框，如图 7-16 所示，收集项目所有文件。

图 7-16　项目管理器

7.2　案例 2　微机组装

【要求】

已有微机组装的多段视频"1 主板的安装.wmv"、"2CPU 的安装.wmv"、"3 内存的安装.wmv"、"4 显卡的安装.wmv"、"5 硬盘的安装.wmv"、"6 系统的连接.wmv"和图片"微机组装片头.jpg"，如图 7-17 所示。

1主板的安　2CPU的安　3内存的安　4显卡的安　5硬盘的安　6系统的连　微机组装片
装.wmv　　装.wmv　　装.wmv　　装.wmv　　装.wmv　　接.wmv　　头.jpg

图 7-17　微机组装素材

请利用微机组装的多段视频进行剪辑、组合并加上字幕，视频部分效果如图 7-18 所示。具体要求如下。

（1）节目监视器中设置出入点，将 00：00：00：00～00：02：51：00 部分内容删除。

（2）添加片头，并调整图片大小，使其符合视频窗口显示。

（3）源监视器中设置出入点，并将多段视频剪辑后插入。

（4）将片头应用"球面化"视频效果；第一、二段视频中间使用"风车"视频过渡。

（5）第一、二段视频实现快放，第三段视频实现慢放。

（6）在片头上制作从下往上滚动文字"微机组装"。

（7）使用文字工具制作字幕。

（8）制作片尾，插入制作人信息和制作日期，滚动文字。

图 7-18　微机组装效果

【知识点】

节目监视器视频提取、源监视器出入点视频剪辑、视频快慢放、比率拉伸工具、视频效果、视频过渡、文字工具、增加片头和片尾、滚动文字

【操作步骤】

1. 导入素材，创建序列

（1）启动 Adobe Premiere Pro，选择"文件"|"新建"|"项目"，弹出"新建项目"对话框，名称输入"微机组装"项目，选择合适的位置，单击"确定"按钮。

（2）双击"项目"面板空白区域，打开"导入"窗口，将该案例所有素材选中，单击"打开"按钮，导入所有素材。

（3）右击"项目"面板中的"1 主板的安装.wmv"，在弹出的快捷菜单中选择"从剪辑新建序列"，即创建了一个新的与现有视频匹配的序列"1 主板的安装"。将此序列重命名为"微机组装"。此时，时间轴上"微机组装"序列已经打开。

2. 节目监视器中剪辑视频

（1）单击节目监视器中"播放-停止切换"按钮 ▶ 预览视频。拖动播放头，结合单击"后退一帧（左侧）"按钮 ◀ 和"前进一帧（右侧）"按钮 ▶ ，试着精准定位到某一帧。

（2）将光标先定位到播放指示器位置，再拖动或者滚动鼠标观察一下视频。

（3）这里假设已经知道要剪辑的位置，直接单击修改节目监视器中的显示时间点，定位到 00：00：00：00（单击"播放指示器位置"，输入 0 再按 Enter 键即可）；单击"标记入点"按钮 ｜ 。定位到 00：02：51：00（输入 25100 再按 Enter 键即可）；单击"标记出点"按钮 ｜ 。此时入点和出点标记如图 7-19 所示，同时"时间轴"面板出入点的视频也高亮显示。

（4）在节目监视器中，单击"提取"按钮 ，发现刚才高亮选取部分已经被删除。

3. 添加片头

（1）在"时间轴"面板中，播放头定位到 00：00：00：00，右击"项目"面板中的"微机组装片

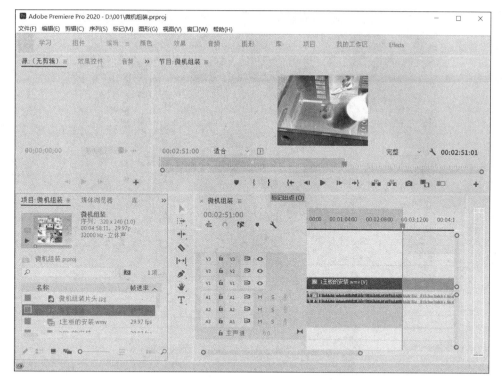

图 7-19　节目监视器中标记出入点

头.jpg",在弹出的快捷菜单中选择"插入"。此时片头图片被插入到视频前面。

（2）在"时间轴"面板中,播放头定位到 00:00:04:00,选中"微机组装片头.jpg",在"效果控件"面板的"fx 运动"下,取消选中"等比缩放"。

（3）将光标放在"缩放高度"右边的数字处,往左往右调整其数字大小,观察节目监视器中的片头图片高度,使其符合显示窗口大小,同样处理"缩放宽度"属性,使得片头图片正好完整显示在节目监视器中。此时"缩放高度"大约为 35px,"缩放宽度"大约为 40px。

4. 源监视器中剪辑并插入视频

（1）在"项目"面板中,双击"2CPU 的安装.wmv",在源监视器中显示该视频。单击"播放-停止切换"按钮预览视频。

（2）在源监视器中设置开始位置:定位源监视器的"播放指示器位置"到 00:01:32:14;单击"标记入点"按钮。

（3）在源监视器中设置结束位置:定位源监视器的"播放指示器位置"到 00:02:55:04;单击"标记出点"按钮。

（4）此时入点和出点标记如图 7-20 所示。实际应用中可能需要自己播放视频后精确定位入点和出点。

（5）单击节目监视器中的"转到出点"按钮 ▶┃。或者在"时间轴"面板中,拖动播放头将播放头定位到上一视频最后位置。

（6）单击"项目"面板右下方"自动匹配序列"按钮 ▐▐▐,弹出"序列自动化"对话框,其中"方法"选择"覆盖编辑",如图 7-21 所示,单击"确定"按钮。这个步骤是避免只能插入视频而不能插入音频的情况。

234

图 7-20　源监视器入点和出点标记

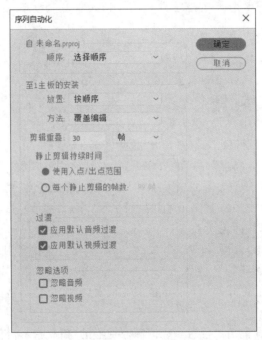

图 7-21　"序列自动化"对话框

　　(7) 参照以上步骤方法,插入"3 内存的安装. wmv"00:00:35:22～00:01:36:02、"4 显卡的安装. wmv"00:00:21:17～00:01:32:15、"5 硬盘的安装. wmv"00:00:36:01～00:01:34:17、"6 系统的连接. wmv"00:00:06:12～00:01:05:00。

　　(8) 插入多段视频以后,"时间轴"面板如图 7-22 所示。

5. 视频效果和视频过渡

　　(1) 在"效果"面板中,展开"视频效果"|"扭曲"|"球面化"选项,拖动该选项到时间轴上的片头图片。选中"效果控件"面板"fx 球面化"中的"半径"前面的码表,设置 0s 时半径为

图 7-22　视频剪辑后的"时间轴"面板

100px,4s 时半径为 300px。

（2）在"效果"面板中,展开"视频过渡"|"擦除"|"风车"选项,拖动该项到时间轴上的"1 主板的安装.wmv"和"2CPU 的安装.wmv"之间。

6. 快放和慢放

（1）选中时间轴上"1 主板的安装.wmv"的视频和音频部分,右击,在弹出的快捷菜单中选择"速度/持续时间",弹出"剪辑速度/持续时间"对话框,"速度"改为 120％,选中"波纹编辑,移动尾部剪辑"复选框,如图 7-23 所示,单击"确定"按钮,完成第一段视频快放设置。

图 7-23　快放设置

（2）选中时间轴上"2CPU 的安装.wmv"视频和音频部分,选择工具箱中的"比率拉伸工具"按钮 （与"波纹编辑工具"同一位置）,光标移到"2CPU 的安装.wmv"右边,向左拖动,观察持续时间大约 1:00:25 左右（拖动时会显示持续时间）,放开鼠标后,此时时间轴会在其右边空出一段。这里用"比率拉伸工具"实现了第二段视频快放设置。

（3）选中时间轴上"3 内存的安装.wmv"视频和音频部分,选择工具箱中的"比率拉伸工具"按钮,光标移到"2CPU 的安装.wmv"左边,向左拖动,将时间轴空闲一段填上,放开鼠标。这里用"比率拉伸工具"实现了第三段视频慢放设置。

（4）此时"时间轴"面板如图 7-24 所示,视频名称右边数字如果大于 100％表示快放,否则为慢放。

图 7-24　快慢放设置完成

7. 滚动文字

（1）移动时间轴最下方的滑块,将光标定位在右边滑块中,向左拖动鼠标,放大显示轨道的细节。

（2）将时间轴定位在 00:00:00:00,选择"文件"|"新建"|"旧版标题",弹出"新建字幕"

对话框,名称为"字幕01",单击"确定"按钮,打开字幕制作窗口,选择"文字工具",单击图片区域输入"微机组装"文字。

(3) 在字幕制作窗口中,在"字幕:字幕01"下方,单击"滚动/游动选项"按钮 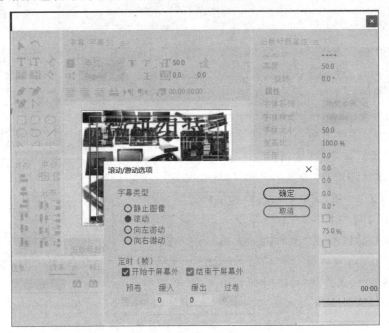,打开"滚动/游动选项"对话框,如图7-25所示,设置"字幕类型"为"滚动",选中"开始于屏幕外"和"结束于屏幕外"复选框,单击"确定"按钮。

(4) 拖动"项目"面板中的"字幕01"字幕到V2轨道的播放头处。拖动播放头预览视频,可以发现"微机组装"文字从下方开始,从下往上滚动显示。

图7-25 "滚动/游动选项"对话框

8. "文字工具"制作字幕

(1) 时间轴播放指示器位置定位到00:00:04:29,选择工具箱中的"文字工具",单击节目监视器右上角位置,输入文字"主板的安装",可以发现在V2轨道上已经生成了一个图形文本。

(2) 展开"效果控件"面板中的"微机组装 * 图形"下的"文本",选中文本后,设置其中的"源文本"中的字体样式、字号、填充颜色等并适当拖动延长字幕的时间轴,使字幕正好延续到"1主板的安装.wmv"视频播放结束,如图7-26所示。

(3) 在V2轨道上,按住Alt键,拖动"主板的安装"图形到下一个视频上方,完成复制。调整新复制的图形的持续时间,拖动播放头到该图形位置,选中该图形,然后使用"文字工具"调整文字内容。

(4) 同样方法完成其他视频字幕,完成后时间轴如图7-27所示。

9. 完善并导出视频

(1) 模仿片头,制作片尾(任意找一张图片),并插入制作人信息和制作日期,文字滚动显示。

(2) 在"项目"面板中,选中"微机组装"序列,选择"文件"|"导出"|"媒体"命令,弹出"导

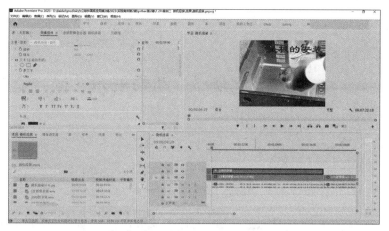

图 7-26　主板的安装字幕制作

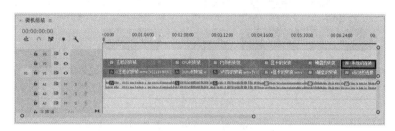

图 7-27　字幕制作完成

出设置"对话框。

（3）在"导出设置"对话框中，选择导出文件格式"H.264"，单击"输出名称"，选择输出位置和文件名"微机组装.mp4"，设置"视频"|"比特率设置"|"目标比特率"到最小值，在对话框中可以观察到"估计文件大小"，如图7-28所示，单击"导出"按钮。

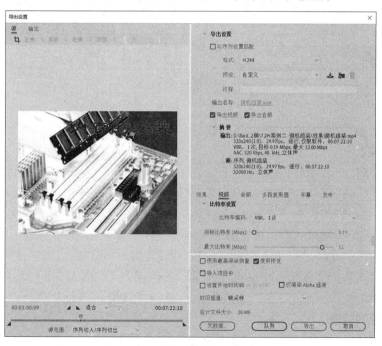

图 7-28　导出视频中比特率设置

说明：这样导出的视频文件比较小，如果需要视频效果好一些则需要将目标比特率设置大一些。

7.3　案例3　动物展示

【要求】

已有"背景.jpg"和"图片01.jpg"～"图片12.jpg"文档，如图7-29所示，图片大小有所区别，其中"背景.jpg"和"图片01.jpg"～"图片03.jpg"图片宽高比为1280×720px，"图片04.jpg"～"图片12.jpg"宽高比为1600×1200px。

图7-29　原有素材图片

请将"图片01.jpg"～"图片03.jpg"在背景图大方框中3s展示一个，逐个播放；其他图片在右边三小圆(各小圆内容一样)区域1s展示一个，逐个播放；效果如图7-30所示。

图7-30　动物展示效果

【知识点】

嵌套序列、蒙版、位置缩放属性、添加轨道

【操作步骤】

1. 创建序列

(1) 打开Adobe Premiere Pro程序，新建"动物展示"项目文件，双击"项目"面板，导入所有素材。在"项目"面板中，一起选中"图片01.jpg"～"图片03.jpg"，右击，在弹出的快捷菜单中选择"速度/持续时间"，持续时间为"00:00:03:00"，即3s。

(2) 设置"图片04.jpg"～"图片12.jpg"的持续时间为"00:00:01:00"，即1s。

(3) 选择"文件"|"新建"|"序列"，弹出"新建序列"对话框，序列预设选择"HDV 720p25"，序列名称为"动物展示"，单击"确定"按钮，时间轴上打开此序列。

2. 嵌套序列创建

(1) 在"项目"面板中，一起选中"图片01.jpg"～"图片03.jpg"，拖动到时间轴"动物展示"序列的 V1 轨道。

（2）在"时间轴"面板中，框选，一起选中 V1 轨道中的"图片 01.jpg"～"图片 03.jpg"，右击，在弹出的快捷菜单中选择"嵌套"，弹出"嵌套序列名称"对话框，名称设为"嵌套序列 01"，单击"确定"按钮。此时三图片在 V1 轨道中显示为"嵌套序列 01"，同时在"项目"面板中也生成了该序列。

（3）在"项目"面板中，单击"图片 04.jpg"，按住 Shift 键再单击图片 12，选中后右击，在弹出的快捷菜单中选择"从剪辑新建序列"，生成"图片 04"序列；在"时间轴"面板中将该序列关闭。

（4）在"项目"面板中，右击"图片 04"序列，在弹出的快捷菜单中选择"重命名"，将其修改为"嵌套序列 02"序列。

3. 嵌套序列应用

（1）在时间轴"动物展示"序列中，拖动"嵌套序列 01"到 V2 轨道，再将"项目"面板中的背景图片拖动到 V1 轨道，延长背景使之与"嵌套序列 01"出点相同。

（2）选中"时间轴"面板中的"将序列作为嵌套或个别剪辑插入并覆盖"按钮。播放头定位到 00:00:00:00。

（3）在"项目"面板中，拖动"嵌套序列 02"到 V3 轨道。单击"嵌套序列 02"V3 轨道前面的"切换轨道输出"选项，暂时隐藏该轨道内容。

（4）单击选中时间轴中的"嵌套序列 01"，在"效果控件"面板中，设置"缩放"属性为 40%，"位置"属性为（284,271），数值区域可以使用拖动鼠标左键调整观察。此时效果如图 7-31 所示，已将图 01 图片放入背景矩形区域中显示。

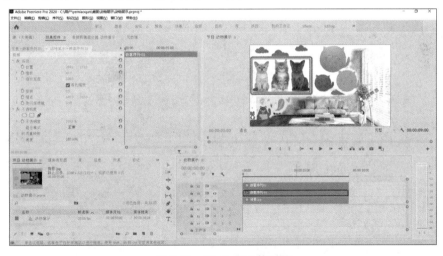

图 7-31　图 01 位置等调整

（5）单击"嵌套序列 02"V3 轨道前面的"切换轨道输出"眼睛选项，显示该轨道内容。单击时间轴中的"嵌套序列 02"，在"效果控件"面板中，设置"缩放"属性为 18%，"位置"属性为（764,128），如图 7-32 所示，将图 04 图片差不多刚好覆盖右上角圆位置。

4. 创建蒙版

（1）在"效果控件"面板的"动物展示 * 嵌套序列 02"中，单击"fx 不透明度"下方的"创建椭圆形蒙版"，其下方出现"蒙版 1"，此时原来图 04 显示区域为一个椭圆，调整四周控点，将其在圆中尽量大地显示，如图7-33所示。

图7-32　覆盖圆区域

图7-33　调整蒙版显示区域

（2）选择"序列"|"添加轨道"，弹出"添加轨道"对话框，设置添加一条轨道，在V3轨道上方增加V4轨道。按住Alt键的同时，拖动"嵌套序列02"到V4轨道，完成复制。

（3）按住Alt键的同时，拖动V4轨道中的"嵌套序列02"到上方，可自动添加一个轨道并完成复制。

（4）单击选中时间轴V4轨道的"嵌套序列02"，在"效果控件"面板中，设置"缩放"属性为14%，"位置"属性为(888,320)。

（5）参考以上步骤，增加V5轨道，并将"嵌套序列02"复制过来单击选中时间轴中的V5轨道的"嵌套序列02"，在"效果控件"面板中，设置"缩放"属性为10.5%，"位置"属性为(669,339)，可以自己看效果微调数值。

（6）此时各面板如图7-34所示。按空格键预览播放效果，保存工程。

（7）在"项目"面板中，单击"动物展示"序列，选择"文件"|"导出"|"媒体"，导出"动物展示.mp4"视频。

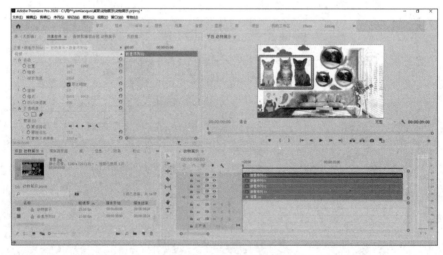

图7-34　设计完成效果

7.4　案例4　遮罩与抠像

【要求】

已有"背景.avi"、"彩图.jpg"、"马.avi"（蓝底背景）、"太极.gif"（透明背景）和"跳舞.gif"（白底背景)文档,如图 7-35 所示。

图 7-35　遮罩与抠像素材

请将马放在背景视频的球形容器中跑动,跳舞者在背景视频左边,打太极者在右边,两人都要求身体部分填充彩图。部分效果如图 7-36 所示。

图 7-36　遮罩抠像效果

【知识点】

位置与缩放等属性设置、轨道遮罩——亮度遮罩、轨道遮罩——Alpha 遮罩、超级键、蒙版

【操作步骤】

1. 轨道遮罩——亮度遮罩

(1) 打开 Adobe Premiere Pro 程序,新建"遮罩与抠像"项目文件,双击"项目"面板,导入所有素材。

(2) 将"彩图.jpg"拖入到"时间轴"面板,创建"彩图"序列,"彩图.jpg"在 V1 轨道中;将"跳舞.gif"拖动到 V2 轨道。延长时间轴中"彩图"图层的帧,使之与"跳舞"视频的帧相同。

(3) 在"时间轴"面板中选中"彩图.jpg",找到"效果"面板中"视频效果"|"键控"|"轨道遮罩键",双击它。

(4) 在"效果控件"面板中,选择"太极 * 彩图.jpg"中的"fx 轨道遮罩键",设置"遮罩"为"视频 2","合成方式"为"亮度遮罩",选中"反向"选项,如图 7-37 所示。

(5) 关闭"彩图"时间轴序列,在"项目"面板中修改"彩图"序列的名称为"跳舞"。

2. 轨道遮罩——Alpha 遮罩

(1) 拖动"太极.gif"到"时间轴"面板,创建"太极"序列。移动"太极.gif"到 V2 轨道,拖动"彩图.jpg"到 V1 轨道,延长"彩图"图层的帧使之与"太极"图层帧相同。

(2) 在"时间轴"面板中选中"彩图.jpg",找到"效果"面板中的"视频效果"|"键控"|"轨道遮罩键",双击它。

(3) 在"效果控件"面板中,选择"彩图 * 彩图.jpg"中的"fx 轨道遮罩键",设置"遮罩"为"视频 2","合成方式"为"Alpha 遮罩"。关闭"太极"时间轴序列。

3. 超级键

(1) 在"项目"面板中,拖动"背景.avi"到"时间轴"面板,创建了"背景"序列。拖动"马.avi"

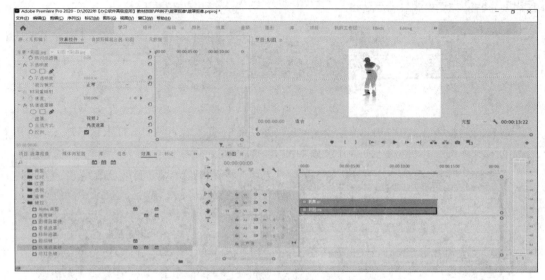

图 7-37　轨道遮罩键中亮度遮罩

到 V2 轨道。分别单击选中两视频的音频部分,按 Delete 键删除。

(2) 在"时间轴"面板中选中"马.avi",找到"效果"面板中的"视频效果"|"键控"|"超级键",双击它。

(3) 在"效果控件"面板中,选择"背景 * 马.avi"中的"fx 超级键",使用滴管工具设置"主要颜色"为蓝色,此时该视频蓝色背景会去除。

(4) 在"效果控件"面板中,选择"背景 * 马.avi"中的"fx 运动",设置"位置"属性为"378,184",设置"缩放"属性为"50",此时将马放置背景视频的球中了。

4. 创建蒙版

(1) 找到"背景 * 马.avi"中的"fx 不透明度",单击"创建椭圆形蒙版",拖动椭圆的四个控点使椭圆蒙版差不多和视频中球形一样大,如图 7-38 所示。

(2) 选中"时间轴"面板中的"将序列作为嵌套或个别剪辑插入并覆盖"按钮,拖动"项目"面板的"跳舞"序列到 V3 轨道。

(3) 单击选中时间轴 V3 轨道内容,在"效果控件"面板中,在"背景 * 跳舞"中的"fx 运动"中,调整"缩放"属性为原来的 80%,调整"位置"属性将视频移到左下角合适位置。

(4) 拖动"太极"序列到 V4 轨道,单击选中时间轴 V4 轨道内容,在"效果控件"面板"背景 * 太极"的"fx 运动"中,调整"位置"属性将视频移到右下角合适位置。

(5) 右击"时间轴"面板中的"太极"序列,在弹出的快捷菜单中选择"速度/持续时间",弹出"剪辑速度/持续时间"对话框,持续时间处输入"4310",单击"确定"按钮,将持续时间延长至与背景一样。

(6) 参照上一步,将时间轴中的"跳舞"序列和"马.avi"的持续时间均延长至与背景一样。

(7) 最后设计效果如图 7-39 所示。预览效果,保存工程,单击"背景"序列,导出最后效果"遮罩与抠像.mp4"视频文件。

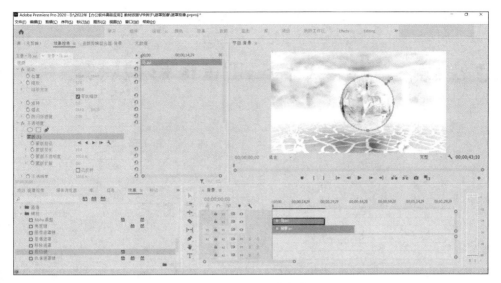

图 7-38 超级键和蒙版使用

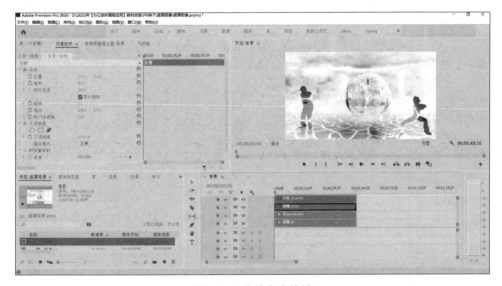

图 7-39 设计完成效果

7.5 拓展操作题

1. 设计与制作"校园活动剪影"电子相册或者视频短片。
2. 以环境保护为主题或自选主题,制作一个视频专题片。

第8章　After Effects 影视特效

8.1　案例1　海浪中跳舞

【要求】

熟悉 Adobe After Effects 2020 软件,将已有的视频"海浪. mp4""跳舞. mp4""心粒子.
mp4""烟花. mp4"组合在一个视频文件中,并导入 An"红星闪闪. swf"文件,视频合成效果
如图 8-1 所示。

图 8-1　视频合成效果

【知识点】

钢笔工具、蒙版小窗口播放视频、视频混合模式、其他 Adobe 成品导入、解释素材循环
播放、渲染导出

【操作步骤】

1. 导入并合成视频

(1) 打开 After Effects 应用程序,选择 "文件"|"导入"|"文件",弹出"导入文件"对话
框,选择"海浪. mp4",如图 8-2 所示,选中导入选项"创建合成"复选框,单击"导入"按钮。
在"项目"面板中,自动生成与视频匹配的"海浪"合成,在"时间轴"面板中,已经自动打开"海
浪"合成。

(2) 右击"项目"面板空白区域,在弹出的快捷菜单中选择"导入"|"文件",打开"导入文
件"对话框,选中"跳舞. mp4",取消选中"创建合成"复选框,单击"导入"按钮。

(3) 拖动"项目"面板中的"跳舞. mp4"到时间轴"海浪. mp4"图层上方,移动该图层使之
与下一层底部对齐,设置混合模式为"屏幕"。定位到时间轴 0;00;02;15,效果如图 8-3
所示。

(4) 与上面步骤一样,导入并插入"心粒子. mp4",设置混合模式为"屏幕",按空格键预
览播放,可以看到三个视频已经有机地融合在一起播放了。

图 8-2　导入窗口

图 8-3　混合模式

2. 蒙版小窗口视频播放

（1）导入并插入"烟花.mp4"，单击 > 展开"烟花"图层，展开"变换"项，设置"缩放"为56％，如图 8-4 所示。移动烟花视频到左边。

（2）选择"工具"中的"钢笔工具"，用钢笔工具从右上角开始顺时针单击矩形各顶点，使烟花右上部被圈中，如图 8-5(a)所示。当钢笔路径闭合后，其他区域就看不见了，只显示钢笔闭合区域，如图 8-5(b)所示。

After Effects 影视特效

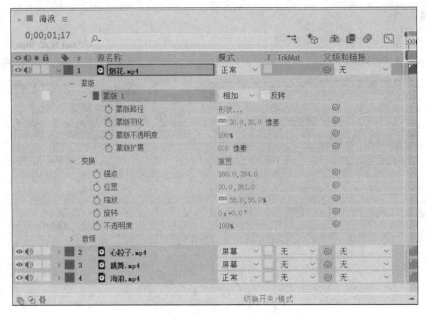

图 8-4　缩放、蒙版羽化设置

（3）选择"工具"中的"选取工具"，移动烟花可视区域到左下角。展开"烟花"图层，展开"蒙版"项，展开"蒙版 1"项，设置"蒙版羽化"为 30；展开"变换"项，设置"位置"为"30,262"，如图 8-4 所示。

（4）设置"烟花"图层混合模式为"屏幕"，预览效果，可以看到 4 个视频已经有机地融合在一起。

(a) 钢笔工具路径没闭合

(b) 钢笔工具路径闭合

图 8-5　钢笔工具制作蒙版

3. 导入 An 源文件

（1）双击"项目"面板空白区域，打开"导入文件"对话框，导入"红星闪闪.swf"，在"项目"面板中右击它，在弹出的快捷菜单中选择"解释素材"|"主要"，出现"解释素材：红星闪闪.swf"对话框，设置"循环"2 次，单击"确定"按钮。

（2）拖动"红星闪闪.swf"插入至时间轴最上层，展开缩放属性设置为 20％，设置位置为"50,50"。此时定位到时间轴 0；00；01；27，设计效果如图 8-6 所示。

4. 导出 AVI 格式视频

（1）选择"文件"|"保存"，保存成"海浪中跳舞.aep"。单击选定"项目"面板中的"海浪"合成，选择"文件"|"导出"|"添加到渲染队列"。出现"渲染队列"面板，单击"输出模块"右边

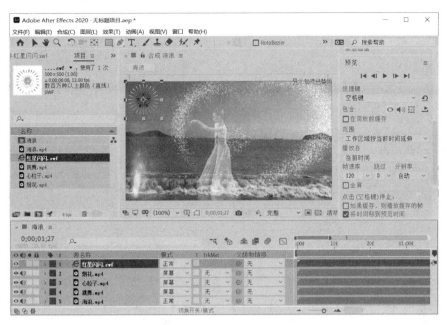

图 8-6　设计效果

的"无损",出现"输出模块设置"对话框,设置"格式"为 AVI,"通道"为 RGB＋Alpha,如图 8-7 所示,单击"确定"按钮。

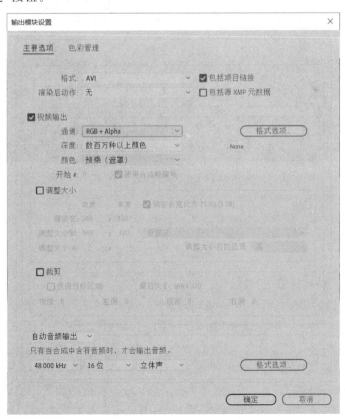

图 8-7　输出模块设置

第8章

After Effects 影视特效

（2）在"渲染队列"面板中，单击"输出到"右边的"尚未指定"或者"海浪.avi"，出现"将影片输出到："对话框，设置文件保存位置，修改文件名为"海浪中跳舞.avi"，单击"保存"按钮。

（3）单击"渲染队列"面板右边的"渲染"按钮。当"状态"为"完成"时，表示渲染完毕。

5. 用格式工厂转成 MP4 格式视频

（1）如果产生的视频已经是最后成品了，则可以将 avi 格式转成 mp4 格式。将导出的"海浪中跳舞.avi"视频文件拖动到"格式工厂"软件，将其转化为 mp4 文件，可以发现视频文件缩小了 10% 左右。

（2）如果产生的视频需要提供给 Adobe Premiere Pro 项目进行剪辑或者想保留 avi 格式，则不用处理。

8.2　案例 2　抠像与蒙版

【要求】

已有"猫.mp4"与"背景.mp4"素材，在"猫"视频中，需要从绿背景中将猫抠像出来，然后将猫放入"背景"视频的中间黑矩形中显示。其中猫眼睛因为带有绿色，如果经过绿颜色抠像处理则会失去绿色部分，所以要经过内部蒙版处理，效果如图 8-8 所示，其中眼睛部分应该和原视频一样，没有变化。

图 8-8　"抠像与蒙版"效果

【知识点】

抠像（包括内部蒙版处理）、钢笔工具绘制蒙版

【操作步骤】

1. Keylight（1.2）抠像

（1）新建 AE"抠像与蒙版"项目，双击"项目"面板空白位置，将所有素材导入，将"背景.mp4"拖入到"时间轴"面板，生成了"背景"合成。

（2）将"猫.mp4"拖入到"时间轴"面板"背景.mp4"图层的上方，选择"图层"|"变换"|"适合复合"，将猫视频自动适合背景视频大小。观察猫眼睛有一点点偏绿。

（3）选中"猫.mp4"图层，选择菜单"效果"|Keying|Keylight（1.2），出现"效果控件猫.mp4"面板，在 fx"Keylight（1.2）"中，选择 Screen Colour 右边的滴管工具，在猫视频的背景单击（拾取绿色），此时猫视频的背景消失了，猫周围显示的是"背景.mp4"的内容，如图 8-9 所示。观察猫眼睛偏绿部分消失，变成偏黄了。

图 8-9 抠像处理

（4）将猫图层"变换"属性下的"不透明度"属性改为 70 左右，半透明显示猫。

（5）选中"猫.mp4"图层，定位当前时间指示器为 0，选择工具箱中"圆角矩形工具"，在查看器中画一个圆角矩形，按 Ctrl＋T 组合键，旋转并调整其大小，使其正好符合"背景"图层中间的黑色矩形区域，此时"猫"图层中出现了"蒙版"|"蒙版 1"属性，展开该属性，选中"蒙版路径"左边的时间变化秒表，如图 8-10 所示。

图 8-10 蒙版处理

（6）分别定位当前时间指示器为 2、4、5、6、7、8、9 秒附近，使用键盘上下左右箭头微调蒙版区域，使蒙版符合背景图层中间黑色区域，如图 8-11 所示。

（7）将"猫"图层变换中不透明度属性改为 100 左右。此时已经完成猫外部蒙版设置。

2. 猫眼睛处理

（1）下面将猫眼睛恢复成初始状态。选中"猫.mp4"图层，按 Ctrl＋D 组合键复制一个

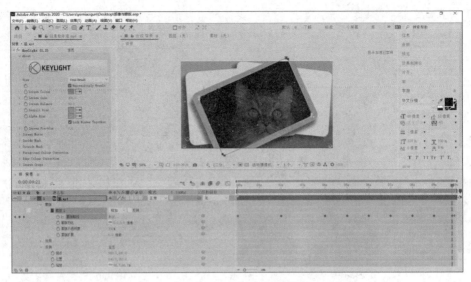

图 8-11　蒙版路径设置

图层,将最上面的图层改名为"猫眼睛"(右击后,在弹出的快捷菜单中选择"重命名")。定位当前时间指示器为 0,选中该图层中的蒙版 1,按 Delete 键删除它。

(2) 选中"猫眼睛"图层,使用工具箱中的"钢笔工具",在查看器猫眼睛周围画出眼睛区域,完成后在"猫眼睛"图层中会重新生成一个蒙版 1。

(3) 在"效果控件猫眼睛"面板,选择 fx"Keylight(1.2)"中的 Inside Mask,在 Inside Mask 下拉列表中选择"蒙版 1",如图 8-12 所示。此时猫眼睛恢复成偏绿色,如果将"猫.mp4"图层隐藏,应该只能看到眼睛。该步骤设置内部蒙版,主要使眼睛部分不要抠像操作。

图 8-12　猫眼睛内部蒙版设置

（4）选中"猫眼睛"图层,展开"蒙版"|"蒙版1"属性,选中"蒙版路径"左边的时间变化秒表,定位当前时间指示器为9：09,创建关键帧；定位当前时间指示器为9：19时,如图8-13所示,眼睛有部分没在蒙版区域内；使用键盘上下左右键调整蒙版区域使眼睛被覆盖,如图8-14所示。

（5）定位当前时间指示器到最后,调整蒙版区域。移动当前时间指示器,同样的方法处理其他蒙版没有覆盖眼睛的区域。

（6）按空格键预览效果,效果满意后保存项目。

图 8-13　眼睛没在蒙版区域内

图 8-14　眼睛在蒙版区域内

3. Adobe Media Encoder 导出 MP4 格式视频

（1）选择"文件"|"导出"|"添加到 Adobe Media Encoder 队列",自动打开 Adobe Media Encoder 软件。

（2）"抠像与蒙版"项目中的"背景"合成自动加入该软件"队列"面板,如图8-15所示,设置格式为"H.264",输出文件设置自定义路径"抠像与蒙版.mp4"。单击右上角绿色三角形"启动队列"按钮,导出视频。

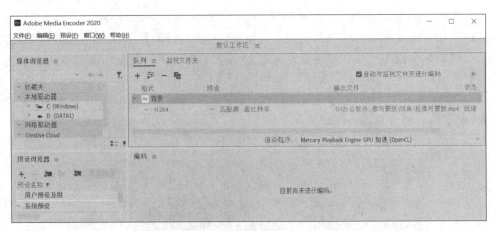

图 8-15　Adobe Media Encoder 导出 MP4 格式视频

8.3　案例 3　跟踪与马赛克

【要求】

已有"学校.mp4"视频文档和"迎新.png"图片。现将视频前面戴眼镜男性人物的脸打上马赛克；并将迎新图片插入两个撑伞的人的位置，图片可以跟踪人物移动。最后播放效果如图 8-16 所示。

图 8-16　"人物马赛克"效果

【知识点】

变形稳定器、跟踪运动、轨道遮罩、马赛克效果、跟踪插入

【操作步骤】

1. 变形稳定器

（1）打开 After Effects 程序，新建"跟踪与马赛克"项目，双击"项目"面板空白位置，导入所有素材，拖动"学校.mp4"视频到"时间轴"面板，创建了"学校"合成。按空格键预览视频，可以发现视频有些抖动。

（2）选择"窗口"|"跟踪器"，打开"跟踪器"面板。单击其中的"变形稳定器"按钮，出现"在后台分析（第 1 步，共 2 步）"提示，之后显示"稳定"，然后提示消失，表示完成稳定操作了。可以发现"效果控件学校.mp4"面板中多了"fx 变形稳定器"效果，该效果已经应用其

中,此时预览视频,可以发现视频几乎没有抖动,比之前稳定了。

2. 跟踪运动

(1) 选中"学校.mp4"图层,按 Ctrl+D 组合键,复制一个一样的图层,修改上面的图层名为"马赛克"(右击后,在弹出的快捷菜单中选择"重命名")。

(2) 右击"时间轴"面板空白区域,在弹出的快捷菜单中选择"新建"|"纯色",弹出"纯色设置"对话框,设置宽度和高度均为 70px,颜色为蓝色,如图 8-17 所示,单击"确定"按钮,生成了"蓝色 纯色 1"图层,该图层放置在最上层。

(3) 选中"马赛克"图层,选择"动画"|"跟踪运动"或者在"跟踪器"面板中单击"跟踪运动"按钮,"跟踪器"面板中运动目标已自动设置为"蓝色 纯色 1"。单击"跟踪器"面板"选项"按钮,弹出"动态跟踪器选项"对话框,选中"每帧上的自适应特性"复选框,如图 8-18 所示,单击"确定"按钮。

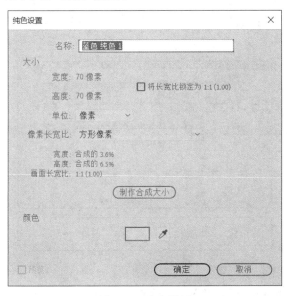

图 8-17　纯色设置

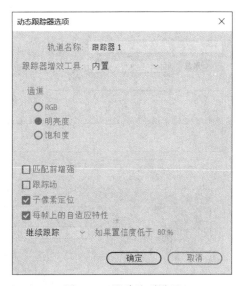

图 8-18　跟踪选项设置

(4) 当前时间指示器设为 0,单击查看器中的"跟踪点 1",拖动其四周某一控点,将跟踪范围适当放大些(范围太广也不合适,大概外框放大一倍左右);移动"跟踪点 1"到戴眼镜男性人物的脸部区域,在"跟踪器"面板中选择"向前分析",分析完成后,展开"马赛克"图层中的"动态跟踪器",效果如图 8-19 所示。

(5) 单击"跟踪器"面板中的"应用"按钮,弹出"动态跟踪器应用选项"对话框,应用维度选择"X 和 Y",单击"确定"按钮。

(6) 此时展开"跟踪器 1"观察,当前时间指示器设为 7:14 时,效果如图 8-20 所示。

(7) 拖动当前时间指示器其他位置,该男士脸部也应该被蓝色方块遮住,如果没有遮住,则删除"跟踪器 1",回到第(3)步重新处理。

3. 轨道遮罩

(1) 在"时间轴"面板中,如果没有显示 TrkMat 轨道遮罩,则单击时间轴"切换开关/模式",下拉"马赛克"图层的轨道遮罩,选择"Alpha 遮罩'[蓝色纯色 1]'",如图 8-21 所示,只显示"马赛克"图层,此时查看器只看到人物脸部区域。

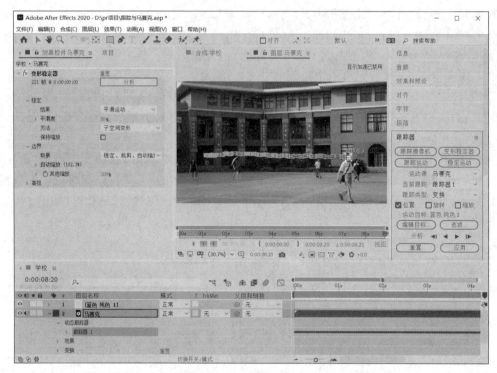

图 8-19　跟踪点 1 移动

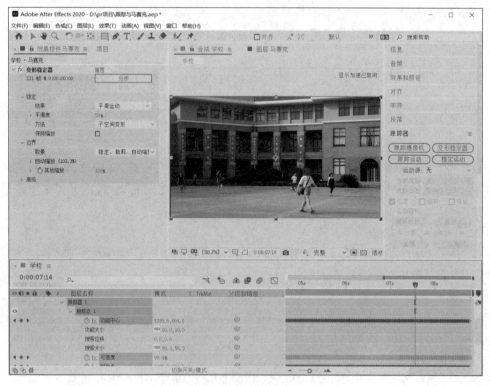

图 8-20　跟踪应用完成

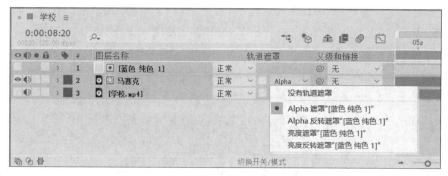

图 8-21　轨道遮罩

4. 马赛克效果

（1）选中"马赛克"图层,选择"效果"|"风格化"|"马赛克",左上角出现"效果控件马赛克"面板,设置"fx 马赛克"的属性"水平块"和"垂直块"均为 50。

（2）显示"学校.mp4"图层,此时预览效果,可以看到人物马赛克效果。

5. 迎新图片跟踪插入

（1）拖动"项目"面板中的"迎新.png"图片到"马赛克"与"学校.mp4"图层之间。当前时间指示器设为 0,移动"迎新.png"图片遮住两个撑伞的人,如图 8-22 所示。

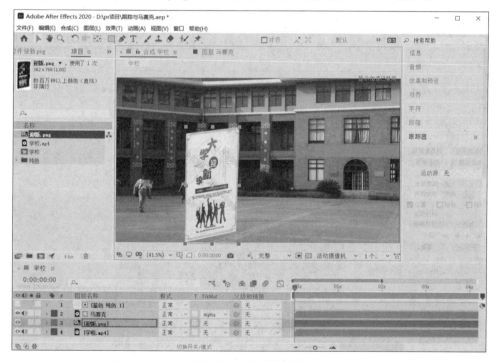

图 8-22　插入迎新图片

（2）选中"学校.mp4"图层,单击"跟踪器"面板的"跟踪运动",再单击"编辑目标",出现"运动目标"对话框,图层选择"3.迎新.png",单击"确定"按钮。

（3）单击"跟踪器"面板"选项"按钮,弹出"动态跟踪器选项"对话框,选中"每帧上的自适应特性"选项,单击"确定"按钮。

（4）移动查看器中的"跟踪点 1"（单击后，参照图 8-23 适当放大）到两个撑伞的人的中间区域，在"跟踪器"面板中选择"向前分析"，分析完成后，跟踪路径如图 8-23 所示。

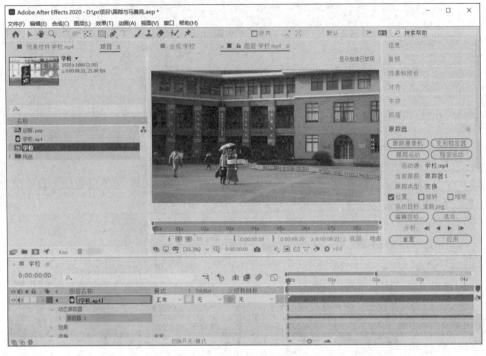

图 8-23　迎新图片跟踪路径

（5）单击"跟踪器"面板中的"应用"按钮，弹出"动态跟踪器应用选项"对话框，应用维度选择"X 和 Y"，单击"确定"按钮。当前时间指示器设为 4:09，效果如图 8-24 所示。

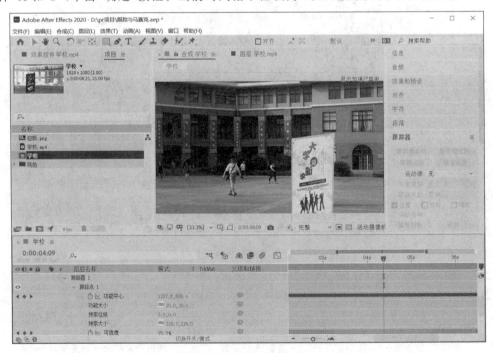

图 8-24　图片跟踪应用

（6）导出视频效果"跟踪与马赛克.mp4"。选择"文件"|"整理工程文件"|"收集文件"完成收集工程文件。

8.4 案例4 天一阁

【要求】

已有素材"背景.jpg"、"笔刷.psd"、"宁波大学校徽.png"、"天一阁导游图.jpg"、"天一阁介绍.jpg"、"天一阁照片1.jpg"～"天一阁照片5.jpg"、"心粒子.mp4"、"雄鹰展翅子.gif"和"一个人的精彩.mp3"文档，如图8-25所示。

图 8-25 天一阁素材

请将天一阁素材组合在一个视频文件中，具体要求如下。

（1）"天一阁照片1.jpg"～"天一阁照片5.jpg"图片放在视频右上角展示。

（2）"天一阁导游图.jpg"和"天一阁介绍.jpg"图片放在视频左上角用"笔刷.psd"的蒙版展示。

（3）路径文字"宁波天一阁欢迎你"显示在下方，从小到大，从左到右，顺着正弦波曲线前进，而后反方向返回。

（4）"雄鹰展翅.gif"从右上角飞到中央区域，再飞到左上角，并有缩放效果。

（5）叠加"心粒子.mp4"视频，加入"宁波大学校徽.png"图片到视频右下角，加入"一个人的精彩.mp3"音频文件，在视频左下角输入你的姓名。

视频合成效果如图8-26所示。

图 8-26 "天一阁"效果

【知识点】

固定窗口播放视频、轨道遮罩、预合成、序列图层、路径文字、缩放与位置动画设置、其他 Adobe 成品导入、解释素材循环播放、渲染导出

【操作步骤】

1. 序列合成

（1）打开 After Effects 应用程序，选择菜单"合成"|"新建合成"，新建"天一阁"合成，"预设"为 PAL D1/DV，"持续时间"为 15s，如图 8-27 所示。

（2）在"项目"面板中，导入"天一阁照片 1.jpg"～"天一阁照片 5.jpg"素材，选中这 5 张照片，右击，在弹出的快捷菜单中，选择"基于所选项新建合成"菜单，出现"基于所选项新建合成"对话框，设置"静止持续时间"为"0:00:03:00"，选中"序列图层"复选框，如图 8-28 所示，单击"确定"按钮。

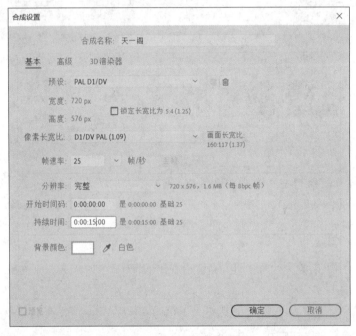

图 8-27　合成设置

（3）在"项目"面板中，重命名生成的"天一阁照片 1"合成为"天一阁照片"，时间轴中关闭"天一阁照片"合成。

（4）在"项目"面板中，导入"背景"图片并拖动到"天一阁"合成，此时背景图片就插入到了"天一阁"合成中，按 Ctrl＋Alt＋F 组合键使之覆盖舞台。

（5）拖动"项目"面板中的"天一阁照片"合成到时间轴"天一阁"合成最上层，单击 ❯ 展开"天一阁照片"图层，展开"变换"项，设置"缩放"为 35%，拖动查看器中的照片将其位置移动到右上角，也可以使用键盘方向键移动。

2. 预合成及轨道遮罩

（1）在"项目"面板中，导入"天一阁导游图.jpg"和"天一阁介绍.jpg"图片，同时拖动到时间轴"天一阁"合成最上层，同时选中这两图层，右击，在弹出的快捷菜单中，选择"预合成"菜单，出现"预合成"对话框，新合成名称改为"介绍导游图"，选中"打开新合成"复选框，如

图 8-29 所示,单击"确定"按钮。

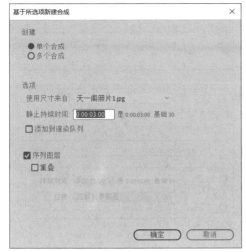

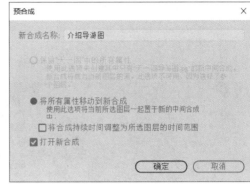

图 8-28 基于所选项新建合成   图 8-29 预合成

（2）调整"介绍导游图"合成面板时间轴,使"天一阁介绍"在 0～6s 显示,"天一阁导游图"在 6～15s 显示,如图 8-30 所示,调整两张图大小,并靠右。预合成后,可以方便调整"介绍导游图"合成的图片及位置大小。时间轴中关闭"介绍导游图"合成。

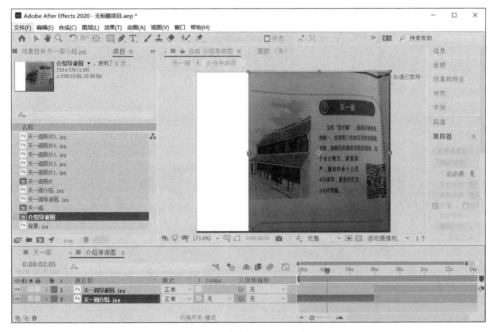

图 8-30 "介绍导游图"合成

（3）在"天一阁"合成时间轴面板中,设置"介绍导游图"合成缩放到原来的 45% 左右。当前时间指示器分别调到 2s 和 8s,再适当调整其大小,将其显示在舞台左上方。如果发现图片大小或位置不合适,可以随时打开"介绍导游图"合成进行调整。

（4）右击"项目"面板空白处,在弹出的快捷菜单中选择"导入"|"文件",出现"导入文

件"对话框,选择"笔刷.psd",单击"导入"按钮;出现"笔刷.psd"对话框,在该对话框中,导入种类选择"素材",图层选项为"合并的图层",单击"确定"按钮,完成 psd 文档导入。

（5）拖动"项目"面板中的"笔刷.psd"到"天一阁"合成时间轴最上层,移动笔刷到舞台左上角合适位置。设置"介绍导游图"图层轨道遮罩为"Alpha 遮罩'笔刷.psd'",如图 8-31所示。

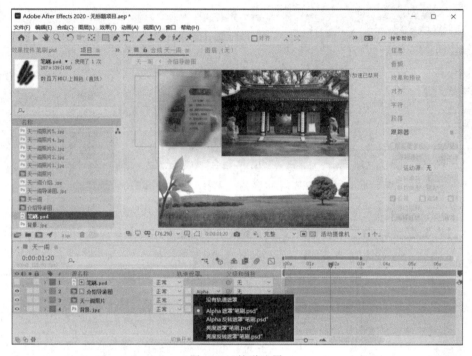

图 8-31　轨道遮罩

（6）双击打开"介绍导游图"合成,在不同时间轴位置分别调整两图片的位置,使得其在"天一阁"合成中左边笔刷位置中隐约显示大部分内容。

3. 制作路径文字

（1）选中"天一阁"合成时间轴中最上面一层,右击其右边的"1"或者其他空白位置,在弹出的快捷菜单中选择"新建"|"纯色",弹出"纯色设置"对话框,名称和颜色为默认设置,单击"确定"按钮。

（2）单击建好的纯色层,选择"效果"|"过时"|"路径文本",弹出"路径文字"对话框,"字体"选择 SimSun,输入文字"宁波天一阁欢迎你",如图 8-32 所示,单击"确定"按钮。

图 8-32　路径文字插入

（3）使用"钢笔工具"在舞台下方区域,绘制类似正弦波路径,利用"选取工具"移动锚点可以调整路径。

（4）在"效果控件"面板"fx 路径文本"中,设置"路径选项"的"自定义路径"为"蒙版 1",此时文字会顺着路径排列。

（5）设置"填充和描边"的"选项"为"在描边上填充",填充颜色任意,描边宽度为 5。

（6）定位当前时间指示器为 0s,单击"字符"的"大小"前面的码表 ⏱ 后,图标会变成 ⏱ ,"大小"输入 10,按 Enter 键;定位当前时间指示器为 10s,大小输入 80,按 Enter 键;移动时间轴到最后,大小输入 50,按 Enter 键。

（7）同上一步方法,设置"左边距":0s 对应值 0;6s 对应值 200;10s 对应值 280;最后位置对应值 100。

（8）选择"文件"|"保存",保存成"天一阁.aep"。定位当前时间指示器为 10s,此时路径文本效果如图 8-33 所示。

图 8-33 路径文字设置

（9）定位当前时间指示器为 0s,使用"预览"面板中的"播放"或者按空格键,观看文字特效。

4. 合成其他素材

（1）导入"雄鹰展翅.gif"动画,在"项目"面板中,右击,在弹出的快捷菜单中选择"解释素材"|"主要",在弹出的对话框中设置循环 50 次。拖动"雄鹰展翅.gif"动画到"天一阁"合

成面板最上层。

(2) 除"雄鹰展翅.gif"图层,锁定其他图层,将时间轴移动到0s,展开该图层中的"变换",分别单击"位置"和"缩放"属性前面的码表。设置"雄鹰展翅.gif"图层"缩放"属性为10%,并利用"选取工具"移动雄鹰到右上角。

(3) 将时间轴移动到8s,"缩放"属性为50%,并拖动雄鹰到中间区域。将时间轴拖动到最后,"缩放"属性为10%,拖动雄鹰到左上角。

(4) 将时间轴移动到8s,此时设计效果如图8-34所示。

图8-34 天一阁设计效果1

(5) 导入"心粒子.mp4"视频,右击选择"解释素材"|"主要",设置循环3次,并加入"天一阁"合成;适当放大使其覆盖整个舞台,其"模式"设置为"屏幕"。

(6) 导入并加入"宁波大学校徽.png"图片到舞台右下角,并缩放其大小。

(7) 导入并加入"一个人的精彩.mp3"音频文件。

(8) 使用"横排文字工具"在舞台左下角输入你的姓名。

5. 导出并收集工程文件

(1) 将时间轴移动到6s,此时设计效果如图8-35所示,使用"预览"面板中的"播放"按钮,可以看到播放效果。

(2) 导出视频效果"天一阁.mp4"。选择"文件"|"整理工程(文件)"|"收集文件"完成收集工程文件。

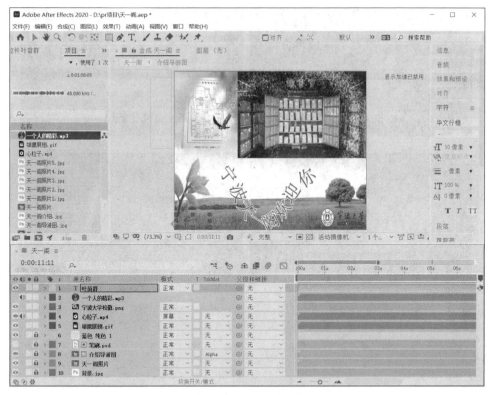

图 8-35　天一阁设计效果 2

8.5　案例 5　3D 相册

【要求】

已有"照片 1.jpg"、"照片 2.jpg"、"照片 3.jpg"与"背景.mov"素材,将三张照片从右向左显示一直到出左边舞台,再从左向右显示,回到中间初始状态。然后一张张在中间满屏显示 1s,最后回到初始状态,照片有立体 3D 效果,如图 8-36 所示。

【知识点】

3D 图层、摄像机动画、3D 位置缩放方向等属性设置

【操作步骤】

1. 3D 图层设置

(1) 新建 AE"3D 相册"项目,双击"项目"面板空白位置,将所有素材导入。

(2) 在"项目"面板中,右击"照片 1",在弹出的快捷菜单中选择"基于所选项新建合成",这时新建了"照片 1"合成。

(3) 在"项目"面板中,右击"照片 1"合成,在弹出的快捷菜单中选择"合成设置",弹出"合成设置"对话框,修改"合成名称"为"照片",持续时间 20s,背景颜色为白色。

(4) 将照片 1～照片 3 从上到下放在"照片"合成时间轴中,在"时间轴"面板中一起选中这三张照片的图层,选中"时间轴"面板左下角选项"展开或折叠图层开关窗格",打开 3D 图层开关 。

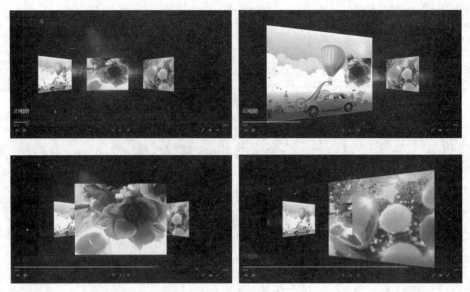

图 8-36 "3D 相册"效果

（5）将三张照片的"缩放"属性都设置为 25%；将照片 1 的"方向"属性的 y 值设置为 300；将照片 3 的"方向"属性的 y 值设置为 60；照片 2 的"方向"属性的 y 值没有变化还是 0。

（6）单击照片 1 的"位置"属性，按键盘向左箭头，将照片 1 移动至显示窗口左边与照片 2 的中间位置附近。

（7）单击照片 3 的"位置"属性，按键盘向右箭头，将照片 3 移动至显示窗口右边与照片 2 中间位置附近。

（8）此时查看器显示如图 8-37 所示，从左到右照片分别为照片 1、照片 2、照片 3。

图 8-37 三张照片初始状态

2. 摄像机动画

（1）右击"时间轴"面板空白区域，在弹出的快捷菜单中选择"新建"|"摄像机"，弹出"摄像机设置"对话框，"类型"选择"单节点摄像机"，"预设"为"35 毫米"，如图 8-38 所示，单击"确定"按钮。将新建的摄像机 1 图层移到"时间轴"面板最上面。

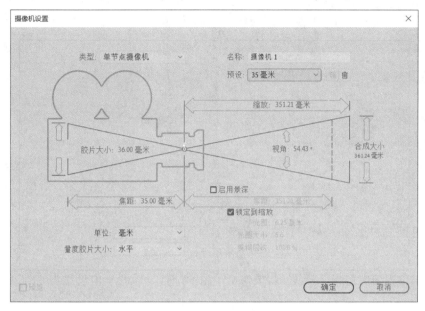

图 8-38　单节点摄像机

（2）定位当前时间指示器为 0，摄像机 1 的"方向"属性的 y 值设置为 309 附近，可以对数据进行微调，主要观察右边第一张照片（照片 1）尽量靠近查看器显示窗口。单击选中摄像机 1 的"方向"属性前面的时间变化秒表，如图 8-39 所示。

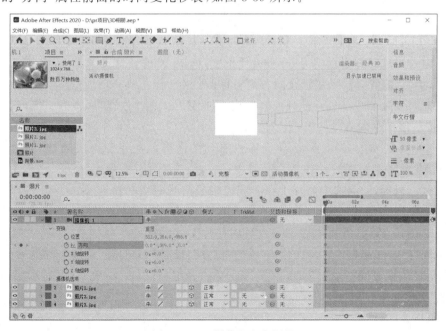

图 8-39　0s 摄像机方向调整

（3）定位当前时间指示器为 2s，摄像机 1 的"方向"属性的 y 值设置为 51 附近，可以对数据进行微调，观察发现左边最后一张照片（照片 3）刚离开查看器显示窗口，查看器如图 8-40 所示。

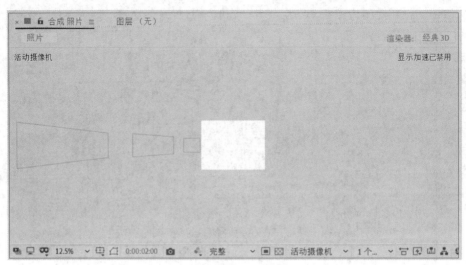

图 8-40　2s 摄像机方向调整

（4）定位当前时间指示器为 4s，摄像机 1 的"方向"属性的 y 值设置为 0，照片回到了中间位置。

（5）到目前为止，0～4s 完成了排列好的三张照片从右向左逐步显示，一直到全部照片出左边舞台；再从左向右逐步显示，回到中间初始状态。

3. 照片 1 动画

（1）定位当前时间指示器为 0s，单击选中照片 1 的"位置""缩放""方向"属性前面的时间变化秒表。定位当前时间指示器为 4s，创建照片 1 的"位置""缩放""方向"的关键帧（单击选中"在当前时间添加或移除关键帧"棱形项），0s 和 4s 的关键帧是一样的。

（2）定位当前时间指示器为 6s，照片 1 的"方向"属性的 y 值设置为 0，"缩放"属性都设为 100%，单击"位置"属性，用键盘向右箭头移动照片 1 至占满全屏。

（3）此时发现照片 3 也有部分内容显示，因此还要调整"位置"属性的 z 值，鼠标指向 z 值位置，按住鼠标左键向左移动，当 z 值为 −110 附近时，照片 3 内容消失，此时照片 1 内容也放大了，主要是靠前显示了，活动摄像机看到的内容就大了。再次调整"缩放"属性为 89% 左右，正好占满全屏。

（4）拖动鼠标，一起选中照片 1 在时间线中当前时间指示器为 6s 时"位置""缩放""方向"的关键帧（选中后棱形关键帧会变成蓝色），按 Ctrl＋C 组合键复制；定位当前时间指示器为 7s，按 Ctrl＋V 组合键粘贴，使 6～7s 时照片 1 显示不变。

（5）同样地，一起选中 4s 时的照片 1 的"位置""缩放""方向"的关键帧，按 Ctrl＋C 组合键复制，定位当前时间指示器为 9s，按 Ctrl＋V 组合键粘贴，使 4s 和 9s 时显示相同。此时"时间轴"面板如图 8-41 所示。

4. 照片 2 动画

（1）定位当前时间指示器为 0s，单击选中照片 2 的"位置""缩放"属性前面的时间变化

图 8-41 照片 1 时间轴设计

秒表。定位当前时间指示器为 9s,创建照片 2 的"位置""缩放"的关键帧(单击选中"在当前时间添加或移除关键帧"棱形项),0s 和 9s 的关键帧是一样的。

(2)定位当前时间指示器为 11s,照片 2 的"缩放"属性设为 100%,此时发现其他照片也有部分内容显示,因此还要调整"位置"属性的 z 值,鼠标指向 z 值位置,按住鼠标左键向左移动,当 z 值为－111 附近时,其他照片内容消失,此时照片 2 内容也放大了,再次调整缩放属性为 89% 左右,正好占满全屏。

(3)拖动鼠标,一起选中 11s 时的照片 2 的"位置""缩放"的关键帧,按 Ctrl＋C 组合键复制,定位当前时间指示器为 12s,按 Ctrl＋V 键粘贴,使 11～12s 时照片 2 显示不变。

(4)同样地,一起选中 9s 时的照片 2 的"位置""缩放"的关键帧,按 Ctrl＋C 组合键复制,定位当前时间指示器为 14s,按 Ctrl＋V 组合键粘贴,使 9s 和 14s 时显示相同。此时"时间轴"面板如图 8-42 所示。

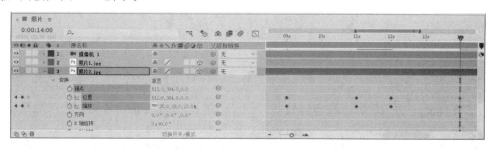

图 8-42 照片 2 时间轴设计

5. 照片 3 动画

(1)定位当前时间指示器为 0s,单击选中照片 3 的"位置""缩放""方向"属性前面的时间变化秒表。定位当前时间指示器为 14s,创建照片 3 的"位置""缩放""方向"的关键帧,0s 和 14s 的关键帧是一样的。

(2)定位当前时间指示器为 16s,照片 3 的"方向"属性的 y 值设置为 0,"缩放"属性都设为 100%,单击"位置"属性,用键盘向左箭头移动照片 3 占满全屏,此时发现其他照片也有部分内容显示,因此还要调整"位置"属性的 z 值,鼠标指向 z 值位置,按住鼠标左键向左移动,当 z 值为－111 附近时,其他照片内容消失,此时照片 3 内容也放大了。再次调整缩放属性为 89% 左右,正好占满全屏。

(3)拖动鼠标,一起选中 16s 时的照片 3 的"位置""缩放""方向"的关键帧,按 Ctrl＋C 组合键复制,定位当前时间指示器为 17s,按 Ctrl＋V 组合键粘贴,使 16～17s 时照片 3 显示不变。

（4）同样地，一起选中 14s 时的照片 3 的"位置""缩放""方向"的关键帧，按 Ctrl＋C 组合键复制，定位当前时间指示器为 19s，按 Ctrl＋V 组合键粘贴，使 14s 和 19s 时显示相同。此时"时间轴"面板如图 8-43 所示。

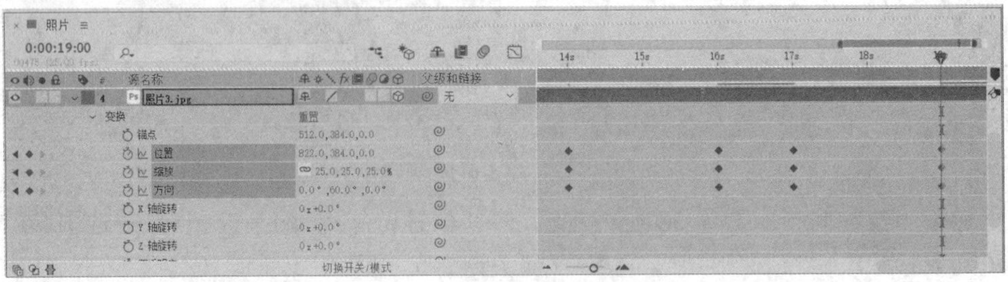

图 8-43　照片 3 时间轴设计

6. 背景设置

（1）右击"项目"面板中的"背景.mov"，在弹出的快捷菜单中选择"解释素材"|"主要"，在弹出的"解释素材：背景.mov"对话框中，"循环"设置为 15 次，单击"确定"按钮。拖动背景到最下面图层。

（2）右击"背景.mov"图层，在弹出的快捷菜单中选择"变换"|"适合复合"，使背景正好复合显示窗口。

（3）查看结果，保存并整理收集工程文件，然后将视频效果导出到"3D 相册.mp4"。

8.6　案例 6　密室寻宝

【要求】

已有原材料"宝箱 1.png"、"宝箱 2.png"、"墙面.jpg"和"替换墙面.jpg"，完成三维密室搭建、宝箱放置、从外向里深入密室寻找并打开宝箱的效果，将普通图层转换为三维图层，创建灯光、摄像机来模拟真实的三维空间，效果如图 8-44 所示。

图 8-44　"密室寻宝"效果

【知识点】

3D立体墙面模拟、空对象控制墙面、摄像机动画、灯光效果设置

【操作步骤】

1. 立体墙面创建

（1）新建 After Effects"密室寻宝"项目，双击"项目"面板空白位置，弹出"导入文件"对话框，导入除"替换墙面.jpg"以外的所有素材。

（2）单击查看器合成中的"新建合成"，弹出"合成设置"对话框，合成名称为"寻宝"，宽度为 2400px，高度为 1200px，持续时间设置为 10s，背景颜色设置为白色。

（3）拖动"墙面.jpg"到"寻宝"合成的"时间轴"面板。打开"墙面"图层的 3D 图层开关 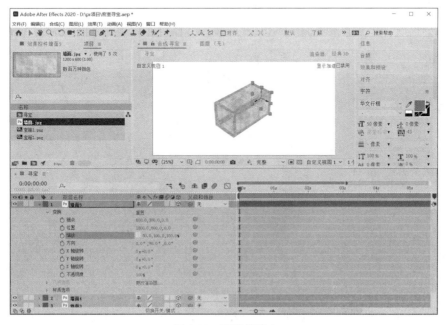，选中该图层，按四次 Ctrl＋D 组合键，这样就复制了四个同样的图层，从下到上分别修改图层名称为"墙面 1"、"墙面 2"……"墙面 5"（右击后使用"重命名"）。

（4）将查看器中"3d 视图弹出式菜单"原来的"活动摄像机"变为"自定义视图 1"，将"墙面 1"图层"位置"属性中的 z 值（"位置"属性中第三个数字）由 0 变为 300（图片宽度的一半）。将"墙面 2"图层"位置"属性中的 z 值由 0 变为－300。

（5）将"墙面 3"图层"方向"属性中的 x 值（属性中第一个数字）由 0 变为 90，"位置"属性中的 y 值由 600 变为 300（原来 600 减去 300）。

（6）将"墙面 4"图层"方向"属性中的 x 值由 0 变为 90，"位置"属性中的 y 值由 600 变为 900（原来 600 加上 300）。

（7）将"墙面 5"图层"方向"属性中的 y 值（属性中第二个数字）由 0 变为 90，"位置"属性中的 x 值由 1200 变为 1800（原来 1200 加上 600）。"缩放"属性中先单击"约束比例"取消链接，再将 x 值改为 50，其他仍为 100，如图 8-45 所示，此时已经搭建了一个立体的有 5 面墙的空间，其中左边是没有墙面的。

图 8-45　密室搭建 1

（8）在"时间轴"面板中，选中所有墙面，按 Ctrl＋D 组合键复制 5 个墙面，默认为"墙面6"～"墙面 10"，变换这 5 个墙面在"时间轴"面板的位置，将其移到上层。移动完成后，"时间轴"面板中图层从下到上是"墙面 1"～"墙面 10"排列，锁定"墙面 1"～"墙面 5"图层。

2. "空对象"控制墙面

（1）选择"图层"|"新建"|"空对象"，创建一个"空 1"空对象图层，打开该图层的 3D图层开关。一起选中"墙面 6"～"墙面 10"图层，拖动父级关联器 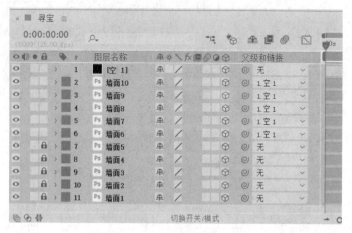 到图层"空 1"，此时"墙面 6"～"墙面 10"由"空 1"对象统一控制，其"父级和链接"为"1.空 1"，此时时间轴如图 8-46所示。

图 8-46　"父级和链接"设置

（2）在查看器"选择视图布局"中选择"2 个视图-水平"，左视图显示"顶部"，右视图显示"自定义视图 1"。

（3）将"空 1"图层"方向"属性的 y 值设置为 90，"位置"属性设置为"300,600,300"，将后来加上的墙面拼接到原来墙面的左边，此时查看器如图 8-47 所示。

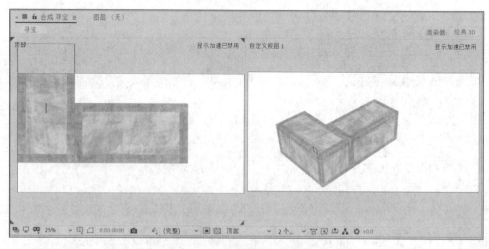

图 8-47　加上的墙面拼接到原来墙面的左边

（4）将"墙面 6"图层"位置"属性中的 x 值由 0 变为－300。"缩放"属性中先取消链接，x值改为 50，其他仍为 100。这样处理后两个通道拼接处空白。

3. 摄像机创建及处理

(1) 右击"时间轴"面板空白处,选择"新建"|"摄像机",弹出"摄像机设置"对话框,"类型"选择"单节点摄像机","预设"设为"35毫米",单击"确定"按钮。将新建的"摄像机1"图层放在最上层。

(2) 将摄像机1的"方向"属性y值设置为180,摄像机1的"位置"属性设置为"300,600,1480",当前时间指示器为0时,选中摄像机1的"位置"和"方向"属性前面的时间变化秒表。

(3) 单击查看器右视图,将"3d视图弹出式菜单"原来的"自定义视图1"变为"活动摄像机",使右视图显示活动摄像机内容。此时效果如图8-48所示,摄像机从左边上方进入,刚好整屏看见墙面。微调摄像机1的"位置"属性观察一下,然后设置为原来的值。

(4) 当前时间指示器为2s时,将摄像机1的"位置"属性设置为"300,600,1000"。

(5) 当前时间指示器为3s时,将摄像机1的"方向"属性y值设置为135,摄像机1的"位置"属性设置为"100,600,400",查看器如图8-49所示。

(6) 当前时间指示器为4s时,将摄像机1的"方向"属性y值设置为90,摄像机1的"位置"属性设置为"100,600,0"。当前时间指示器为7s时,摄像机1的"位置"属性设置为"500,600,0"。

(7) 右击"项目"面板中的"墙面.jpg",在弹出的快捷菜单中选择"替换素材"|"文件",弹出"替换素材文件"对话框,选择"替换墙面.jpg",如图8-50所示,单击"导入"按钮。

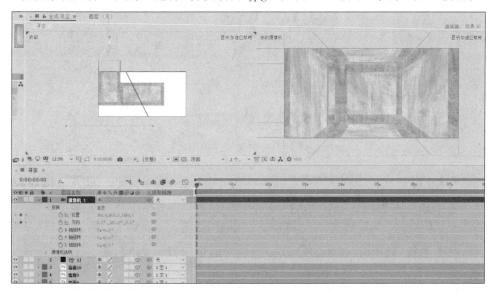

图8-48 摄像机1开始位置设置

4. 灯光设置

(1) 右击"时间轴"面板空白位置,选择"新建"|"灯光",弹出"灯光设置"对话框,"类型"选择"点","强度"为"250%",颜色为淡蓝色,单击"确定"按钮。

(2) 当前时间指示器为0时,选中"点光1"图层的"位置"属性前面的时间变化秒表,"位置"属性为"300,600,0";当前时间指示器为2s时,"点光1"图层的"位置"属性为"500,600,0";当前时间指示器为3s时,点光1的"位置"属性为"800,600,0";当前时间指示器为4s

After Effects 影视特效

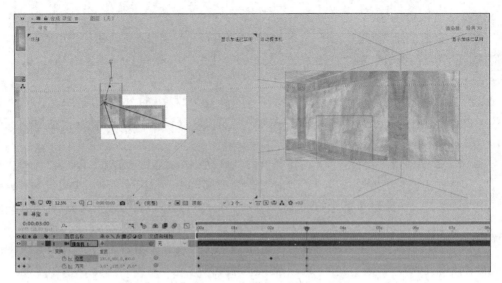

图 8-49　摄像机 1 属性

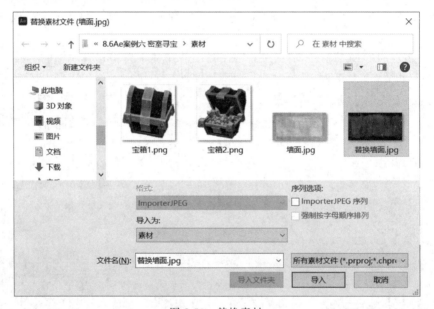

图 8-50　替换素材

时,点光 1 的"位置"属性为"1200,600,0";当前时间指示器为 7s 时,点光 1 的"位置"属性为"1600,600,0"。

(3) 当前时间指示器为 7s 时,选择"点光 1"图层的"灯光选项"|"强度"属性前面的时间变化秒表,"强度"设为 250,当前时间指示器为 7:15 时,点光 1 的"强度"设为 500。此时设计效果如图 8-51 所示。

5. 宝箱处理

(1) 定位当前时间指示器为 7s,将"宝箱 1.png"图片拖动到"空 1"图层上方,打开该图层的 3D 图层开关。设置宝箱 1 的"方向"属性 y 值为 90,位置为"1780,750,0"(要保证宝箱放到最里面,左视图中宝箱最靠右边,x 值越大越靠里面,y 值越大越向下,可以自己微调)。

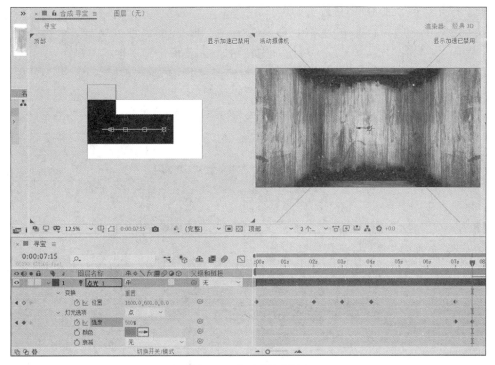

图 8-51　灯光图层设置

（2）选中"宝箱 1"图层，按 Alt＋]组合键，将宝箱 1 后面部分删除，如图 8-52 所示，宝箱 1 图片播放时长为 1～7s。

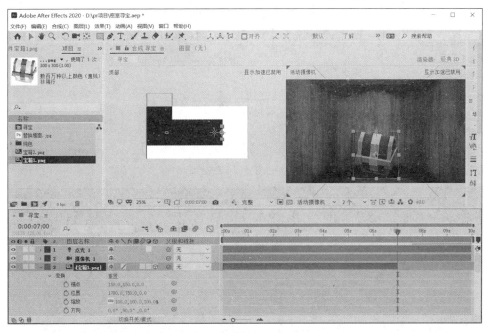

图 8-52　宝箱 1 放置

（3）当前时间指示器为 7s 时，拖动"宝箱 2.png"到宝箱 1 上方，按 Alt＋[组合键，将宝箱 2 前面部分删除，宝箱 2 图片播放时长为 7～10s。

（4）打开宝箱 2 的 3D 图层开关。

（5）按 Ctrl 键的同时选中"宝箱 1"图层的"位置"和"方向"属性,按 Ctrl＋C 组合键复制属性;选中"宝箱 2"图层,按 Ctrl＋V 组合键粘贴属性,使两宝箱属性相同。

（6）选择"选择视图布局"中的"一个视图",回到一个"活动摄像机"视图,8s 设计效果如图 8-53 所示。

（7）保存并整理收集工程文件,然后将视频效果导出到"密室寻宝.mp4"。

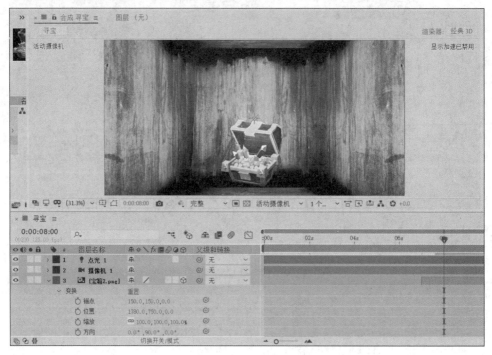

图 8-53　8s 设计效果

8.7　拓展操作题

1. 人物马赛克:已有"人物视频.mp4"视频文档,现要求使用 After Effects 将视频中间的人物的脸打上马赛克。最后播放效果如图 8-54 所示。

图 8-54　"人物马赛克"效果

2. 数字光球：要求使用 After Effects 制作 0 和 1 组成的数字球，设计过程如图 8-55 所示，有旋转和发光效果，效果如图 8-56 所示。

图 8-55　数字光球设计过程

图 8-56　数字光球效果

操作提示：

（1）新建 After Effects"数字光球"项目，创建一 600×600px 合成，设置合成的持续时间为 5s。利用文本工具输入都是 0 和 1 组成的数字文本，如图 8-55 所示。

（2）选中文本层，选择"效果"|"透视"|CC Sphere，时间指示器为 0 时，效果中属性 Rotaion Y 设置为 0x+0，时间指示器为 5s 时，效果中属性 Rotaion Y 设置为 1x+180。

（3）在"效果和预设"面板中，搜索 shine 效果，添加到文本图层，试着调整参数。

3. 广告牌替换：原有视频"背景.avi"和图片"广告.jpg"两文件，如图 8-57 所示。要求将视频中的白板广告牌内容替换为图片，效果如图 8-58 所示。

背景.avi

广告.jpg

图 8-57　广告牌替换原文件

图 8-58 广告牌替换效果

提示：在 After Effects 中使用跟踪运动，跟踪类型为透视边角定位。

参 考 文 献

［1］ 叶苗群.办公软件与多媒体高级应用［M］.北京：清华大学出版社，2022.

［2］ 叶苗群.办公软件高级应用与多媒体实用案例［M］.北京：电子工业出版社，2018.

［3］ 吴卿.办公软件高级应用［M］.3版.浙江：浙江大学出版社，2018.

［4］ 李政，梁海英.VBA应用基础与实例教程［M］.2版.北京：国防工业出版社，2009.

［5］ 杨彦明.多媒体设计任务驱动教程［M］.北京：清华大学出版社，2013.

［6］ 关文涛.选择的艺术Photoshop图像处理深度剖析［M］.3版.北京：人民邮电出版社，2015.

［7］ 韩雪，朱琦.Premiere Pro 2020视频编辑基础教程［M］.北京：清华大学出版社，2020.

［8］ 马克西姆·亚戈.Adobe Premiere Pro 2020经典教程［M］.武传海，译.北京：人民邮电出版社，2020.

［9］ 刘晓宇.Premiere Pro CC影视编辑剪辑制作案例教程［M］.北京：清华大学出版社，2020.

［10］ 张书艳，张亚利.Premiere Pro CC 2015影视编辑从新手到高手［M］.北京：清华大学出版社，2016.

［11］ 马建党.新编After Effects CC影视后期制作实用教程［M］.西安：西北工业大学出版社，2016.

［12］ 吉家进.中文版After Effects CC影视特效制作208例［M］.2版.北京：人民邮电出版社，2017.

［13］ 张凡.After Effects CC 2015中文版基础与实例教程［M］.5版.北京：机械工业出版社，2018.

［14］ 史创明，张棒棒，王威晗，等.Adobe After Effects CC视频特效编辑案例教学经典教程［M］.北京：清华大学出版社，2021.

［15］ 岳媛，王战红.中文版After Effects CC 2018影视特效实用教程［M］.北京：清华大学出版社，2019.

［16］ 潘登，刘晓宇.After Effects CC影视后期制作技术教程［M］.2版.北京：清华大学出版社，2016.

［17］ 何平，王同杰.After Effects梦幻特效设计150例［M］.北京：中国青年出版社，2009.

图 书 资 源 支 持

感谢您一直以来对清华版图书的支持和爱护。为了配合本书的使用,本书提供配套的资源,有需求的读者请扫描下方的"书圈"微信公众号二维码,在图书专区下载,也可以拨打电话或发送电子邮件咨询。

如果您在使用本书的过程中遇到了什么问题,或者有相关图书出版计划,也请您发邮件告诉我们,以便我们更好地为您服务。

我们的联系方式:

地　　　址:北京市海淀区双清路学研大厦 A 座 714

邮　　　编:100084

电　　　话:010-83470236　010-83470237

客服邮箱:2301891038@qq.com

QQ:2301891038(请写明您的单位和姓名)

资源下载:关注公众号"书圈"下载配套资源。

资源下载、样书申请

书 圈

图书案例

清华计算机学堂

观看课程直播